Fazhan yu Anquan

Di-liu Jie "Jidongche Jiashi Peixun yu Daolu Jiaotong Anquan Guoji Luntan" Chengguo Huibian

发展与安全

第六届“机动车驾驶培训与道路交通安全国际论坛”成果汇编

北京京安驾驶人安全与素养研究院　编

人民交通出版社股份有限公司

北　京

内 容 提 要

本书是以“发展与安全”为主题的第六届“机动车驾驶培训与道路交通安全国际论坛”的成果汇编，包括直击国际论坛、领导致辞实录、嘉宾精彩演讲、沙龙论坛实录四部分内容，全面、真实地再现了论坛的盛况。

本书适合从事道路交通安全和机动车驾驶培训行业的管理者、相关协会工作者和驾驶培训经营者等参考阅读。

图书在版编目（CIP）数据

发展与安全：第六届“机动车驾驶培训与道路交通安全国际论坛”成果汇编 / 北京京安驾驶人安全与素养研究院编 .—北京：人民交通出版社股份有限公司，2023.11

ISBN 978-7-114-19042-1

Ⅰ.①发… Ⅱ.①北… Ⅲ.①汽车驾驶员—技术培训—国际学术会议—文集②道路交通安全法—国际学术会议—文集 Ⅳ.①U471.3-53 ②D912.296-53

中国国家版本馆 CIP 数据核字 (2023) 第 203627 号

书　　名： **发展与安全**——第六届“机动车驾驶培训与道路交通安全国际论坛”成果汇编
著 作 者： 北京京安驾驶人安全与素养研究院
责任编辑： 范才彬　邵京京
责任校对： 赵媛媛
责任印制： 张　凯
出版发行： 人民交通出版社股份有限公司
地　　址： (100011) 北京市朝阳区安定门外外馆斜街 3 号
网　　址： http://www.ccpcl.com.cn
销售电话： (010) 65290014
总 经 销： 人民交通出版社股份有限公司
经　　销： 各地新华书店
印　　刷： 北京建宏印刷有限公司
开　　本： 787 × 980　1/16
印　　张： 9.25
字　　数： 148 千
版　　次： 2023 年 11 月　第 1 版
印　　次： 2023 年 11 月　第 1 次印刷
书　　号： ISBN 978-7-114-19042-1
定　　价： 48.00 元
（有印刷、装订质量问题的图书，由本公司负责调换）

编　写　组

闫文辉　李　洁　刘　硕　黄景宇

刘建莹　弓　芳　范才彬　赵　旭

李　峰　郑先伟

特别鸣谢

人民交通出版社股份有限公司

东方时尚驾驶学校股份有限公司

前　言

近20年来，我国经济社会快速发展，人民群众的生活水平显著提高，汽车成为社会家庭生活的重要工具，带动了社会公众学驾需求的快速增长。但随之而来的新情况和新问题也不断涌现，交通参与者特别是机动车驾驶员的交通法制观念和交通安全意识仍处于较低水平，无法匹配道路交通快速发展的要求，新驾驶员安全驾驶意识和技能不适应的问题逐渐显现，这也对规范驾驶培训提出了更高要求。机动车驾驶培训行业担负着为社会培养安全文明机动车驾驶员、守护道路交通安全第一道防线的使命和责任，是道路交通安全基础性、先导性、服务性行业，对于维护道路交通安全、塑造我国汽车文化有着举足轻重的作用，更是服务人民美好生活、促进共同富裕的坚实保障。

近年来，驾驶培训行业在新政策、新科技、新理念的影响下积极探索转型发展路径，取得了诸多成果。党的第二十大报告鲜明提出"……以新安全格局保障新发展格局。"[1]，为做好新时代发展与安全工作提供了根本遵循。《中共中央关于制定国民经济和社会发展第十四个五年规划和二〇三五年远景目

[1] 引用自《人民日报》（2022年10月26日01版）。

标的建议》中提出“把安全发展贯穿国家发展各领域和全过程”，把对“安全与发展”关系的认识提升至新高度。

为此，在国家相关行业管理部门的指导下，中国道路运输协会与驾驶培训行业内的优秀企业共同牵头，在前五届“机动车驾驶培训与道路交通安全国际论坛”的成果基础上，共同举办了第六届“机动车驾驶培训与道路交通安全国际论坛”。

本届论坛以“发展与安全”为主题，邀请来自法国、日本、荷兰等国家行业同仁与我国驾驶培训机构、研究机构及高校的专家、学者围绕驾驶培训行业高质量发展，从行业监管服务、驾驶培训企业现代化管理、科技创新应用等内容进行了深入的交流和探讨。本书在内容上兼顾研究性和实践性，以翔实的资料、丰富的内容真实展现了论坛的盛况，力求以较高的立意和前瞻性的研究为行业探索高质量发展路径提供借鉴。

由于编者的水平有限，本书内容难免存在局限性，希望本书能抛砖引玉，引导行业坚定发展信心，锚定健全驾驶培训素质教育体系，为建设交通强国、平安中国作出贡献。

编　者

2023年8月

目　录

第一章

直击国际论坛

第一节　论坛举办背景

截至 2022 年底，我国机动车保有量达 4.17 亿辆，其中汽车保有量达 3.19 亿辆，汽车驾驶人已达 4.64 亿人，近五年年均新增驾驶人近 2500 余万人，总量和增量均居世界首位。虽然我国机动车和驾驶人在数量上达到了汽车社会的标准，但在驾驶人素质方面与成熟的汽车社会仍有很大差距，全社会驾驶人的道路交通守法、安全、文明、规则意识亟待加强。

道路交通安全是社会和谐发展的重要基础之一，两者的发展为正相关关系。道路交通安全整体表现为三角形底边，由支撑其发展的一系列活动构成，即人、车、路、环境、管理等，底边越长，代表道路交通安全环境安全文明程度高，运行有序，上半部分相对应的汽车社会将更加和谐，可实现的社会活动越多、经济发展更活跃。

人、车、路、环境、管理等支撑道路交通安全的活动与社会经济的关系

道路交通安全社会共治与社会和谐发展同样呈现正相关关系，两者发展关联最直接的表现就是道路交通的违法率、事故率、死亡率。当道路交通安全社会共治水平越高，则道路交通的违法率、事故率、死亡率就会相应降低，从而投射出的社会和谐和汽车文明程度越高。

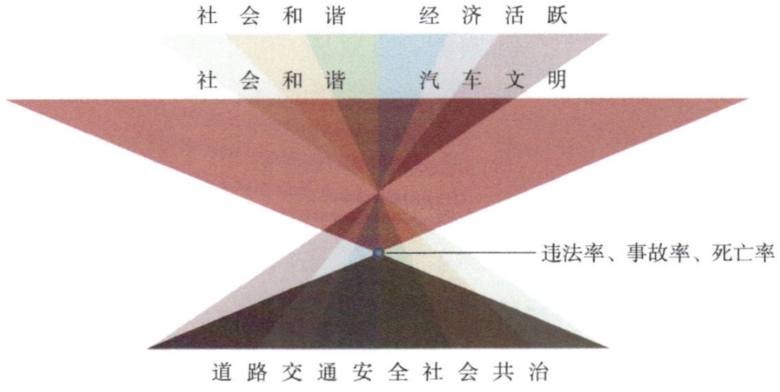

道路交通安全社会共治与社会和谐发展的关系

机动车驾驶培训行业是道路交通安全社会共治的重要组成部分之一，也是系统性培养新驾驶人的支撑力量。从驾驶培训的社会价值出发，每培养一名合法、合格的驾驶人都将为降低我国道路交通违法率、事故率和死亡率做出贡献，为汽车文明的形成筑牢基础。

当今世界正经历百年未有之大变局，新一轮科技革命和产业变革深入发展，我国已逐步从高速发展阶段进入高质量发展阶段。具体到驾驶培训行业，未来一段时期，高速发展期所“隐藏”的问题将逐渐显现，行业对于市场下行及增速降低的惯性准备不足，发展将进入调整期。如何解决行业发展中不平衡不充分的问题，行业关心的重点领域和关键环节改革任务执行力度以及创新能力不满足高质量发展要求等，是这一阶段需要解决的突出问题，也将决定整个驾驶培训行业的发展方向。

近年来，驾驶培训行业在新政策、新科技、新理念的影响下积极探索转型发展路径，取得了诸多成果。党的二十大报告提出“……以新安全格局保障新发展格局。”[❶]，为我们做好新时代发展与安全工作提供了根本遵循。《中共中央关于制定国民经济和社会发展第十四个五年规划和二〇三五年远景目标的建议》中提出“把安全发展贯穿国家发展各领域和全过程”，把对“安全与发展”关系的认识提升至新高度。

发展和安全相辅相成、互为条件，任何时候都不能偏废。习近平总书记就做好安全生产工作作出重要指示中指出：“人命关天，发展决不能以牺牲人的生命为代价。”[❷]驾驶培训行业作为向社会输送驾驶人的第一道关卡，对于维护我国道路交通安全、塑造汽车文化有着举足轻重的作用。故如何在缩量市场环境下紧紧把握“增量”“提质”和“降本”三大驾驶培训企业经营核心问题，是驾驶培训行业需要共同谋划的大事。

正是在这样的背景下，第六届“机动车驾驶培训与道路交通安全国际论坛”如期召开，以“发展与安全”为主题，邀请国内外行业主管部门、驾驶培训机构、研究机构及高校的专家、学者围绕驾驶培训行业高质量发展，从行业监管服务、驾驶培训企业现代化管理、科技创新应用等角度进行探讨。

---

❶ 引用自《人民日报》(2022年10月26日01版)。

❷ 引用自《人民日报》(2013年06月08日01版)。

第二节 论坛筹备与组织

驾驶培训行业是保障道路交通安全的基础性、先导性、服务性行业，其良性发展是道路交通安全健康发展的有力支撑，更是服务人民美好生活、促进共同富裕的坚实保障。

本届国际论坛的主题为“发展与安全”，旨在为驾驶培训行业健康、有序、高质量的发展提供更多交流和沟通的机会。通过政府、协会、企业以及业界专家、学者的交流碰撞，为构建和谐有序的道路交通环境，促进交通强国、科技强国建设贡献驾驶培训行业的力量。本届国际论坛邀请来自法国、日本、荷兰等国家的行业专家和从业者代表参与交流，为我国驾驶培训行业高质量发展提供有益思路，助力我国持续改善道路交通安全环境。

本届国际论坛在筹备与组织过程中，得到了交通运输部运输服务司、公安部交通管理局的大力支持和指导。中国道路运输协会、中国道路交通安全协会作为主办单位，中国道路运输协会机动车驾驶培训分会作为承办单位，湖南省机动车驾驶员培训协会、北京京安驾驶人安全与素养研究院作为联合承办单位，与公安部道路交通安全研究中心、交通运输部公路科学研究院、人民交通出版社股份有限公司、《中国道路运输》杂志社、《道路交通管理》杂志社、新华社中国广告联合有限责任公司以及全国多个省（区、市）的机动车驾驶培训协会（道路运输协会、道路交通安全协会）通力合作，对国际论坛的各个环节进行了精心的组织和安排。此次国际论坛得到了业界的广泛关注和高度赞誉，硕果累累。

第三节 论坛盛况

一、论坛概况

第六届“机动车驾驶培训与道路交通安全国际论坛”宣传海报

时　　间：2023 年 4 月 19 日。

地　　点：湖南省长沙国际会议中心。

主　　题：发展与安全。

指导单位：交通运输部运输服务司、公安部交通管理局。

主办单位：中国道路运输协会、中国道路交通安全协会。

承办单位：中国道路运输协会机动车驾驶培训分会。

联合承办单位：湖南省机动车驾驶员培训协会、北京京安驾驶人安全与素养研究院。

协办单位：北京市机动车驾驶人培训行业协会、河北省机动车驾驶员培训行业协会、山西省道路交通安全协会、内蒙古机动车驾驶员培训行业协会、辽宁省道路运输协会、上海市机动车驾驶员培训行业协会、江苏省机动车驾驶人培训行业协会、浙江省机动车驾驶人培训行业协会、安徽省机动车驾驶培训行业协会、江西省机动车驾驶员培训行业协会、广州市机动车驾驶培训行业协会、重庆市道路运输协会、陕西省机动车驾驶员培训协会、新疆维吾尔自治区道路运输协会。

支持单位：公安部道路交通安全研究中心、交通运输部公路科学研究院、人民交通出版社股份有限公司、《中国道路运输》杂志社、《道路交通管理》杂志社。

参会嘉宾：交通运输部运输服务司、公安部交通管理局、公安部道路交通安全研究中心、交通运输部公路科学研究院、中国道路运输协会、中国道路交通安全协会、人民交通出版社股份有限公司有关领导；法国、日本、荷兰等国家的机动车驾驶培训行业研究人员及机构负责人；部分省（区、市）驾驶培训行业管理与研究机构、驾驶培训行业专家、行业协会人员及重点驾驶培训机构负责人。

论坛现场

二、大会盛况

2023 年 4 月 19 日，第六届“机动车驾驶培训与道路交通安全国际论坛”在湖南长沙举行，论坛主题为“发展与安全”。来自国内外行业主管部门、驾驶培训机构、研究机构及高校专家共话驾驶培训行业高质量发展，参会人数达 300 余人。交通运输部运输服务司和公安部交通管理局领导出席论坛。与会嘉宾聚焦“发展与安全”主题，围绕驾驶培训行业如何安全、高质量发展开展交流研讨，着力探寻科学统筹发展与安全，共建驾驶培训行业新发展格局的实践路径。

与会国内外嘉宾

论坛演讲嘉宾作主旨演讲

第四节　论坛成果

“机动车驾驶培训与道路交通安全国际论坛”是各国机动车驾驶培训机构业务交流的一次盛会，是共同研究、交流探讨、沟通感情的国际学术性活动。

一、专注机动车驾驶培训和道路交通安全 六届论坛硕果累累

“安全”是驾驶培训行业永恒的主题。驾驶培训行业作为向社会输送驾驶人的第一道关卡，对于维护我国道路交通安全、塑造汽车文化有着举足轻重的作用。

自2016年以来，“机动车驾驶培训与道路交通安全国际论坛”已经连续举办五届。首届论坛以“责任与安全”为主题，第二届论坛以“质量与安全”为主题，第三届以“诚信与安全”为主题，第四届以“职业与安全”为主题，第五届以“科技与安全”为主题，共邀请了德国、法国、美国、日本、韩国等10余个国家和地区的驾驶培训机构、行业监管机构参加，论坛内容充实而精彩，在全行业引起了广泛的反响。

第六届“机动车驾驶培训与道路交通安全国际论坛”以“发展与安全”为主题，围绕驾驶培训行业如何安全、高质量地发展展开了交流研讨，邀请了法国、荷兰、日本等国家的专家学者以及来自国内多个省（区、市）的行业专家莅临现场。

论坛组委会执行主席闫文辉表示，希望通过此次论坛，进一步树立行业价值观，坚定以良性发展为导向的信心，守护以道路交通安全为宗旨的初心，锚定以健全完善素质教育体系的决心，用发展的视角引导行业从业者开拓视野、开拓思路，为建设交通强国、平安中国作出贡献。

论坛组委会执行主席闫文辉向媒体介绍论坛成果

二、发挥驾驶培训行业在道路交通安全的支撑性作用是国际上行业的普遍共识

道路交通安全是一个世界性的社会问题，也是国际上永恒的话题，各国行业专家与从业者在如何开展更为高效安全的驾驶培训方面均有各自的研究和思考。第六届“机动车驾驶培训与道路交通安全国际论坛”上，国内外嘉宾围绕论坛主题“发展与安全”展开演讲和讨论。其中，三位外国嘉宾的演讲引起了与会人员的广泛关注。

法国 CER Bobillot 驾校车辆驾驶培训管理部门负责人伊萨克·贝林分析了将智能手机与互联网等新模式引入驾驶培训的优势，着重介绍了法国在运用驾驶模拟器优化驾驶培训环节的经验探索，并呼吁驾驶证全球范围内标准化。

日本东京尾久驾驶学校校长尾崎保生介绍了日本驾驶培训教育的发展沿革，阐述了他对驾驶培训教育核心目标的认识，并展望了未来的驾驶员培训中需根据个体差异定制有效的培训方法。

荷兰中国驾驶培训促进基金会会长盛宏分析了荷兰道路安全相关规章制度的特点，介绍了荷兰教练员驾驶培训程序操作手册，并分享了荷兰驾驶培训实操教学的典型案例。

论坛组委会为与会国内外嘉宾颁发荣誉证书

三、聚焦“发展与安全” 国内嘉宾热烈研讨

在新的发展阶段，驾驶培训行业的发展方式要更加注重质量效益，发展动力要更加注重创新驱动，服务要更加注重需求牵引供给、供给创造需求的更高水平动态平衡。如何实现驾驶培训行业高质量发展是本次论坛与会嘉宾的研讨重点。

交通运输部公路科学研究院汽车运输研究中心技术质量总监曾诚发表了题为“机动车驾驶员培训行业高质量发展的思考”的演讲，分析了机动车驾驶员培训行业高质量发展框架、路径及建议。

公安部交通管理科学研究所副所长潘汉中带来了关于“加强顶层设计 迎接智驾时代”的演讲，指出我们将进入机器驾驶和人工驾驶共存的交通新时代，需进一步提高驾驶人素质，重构人、车、路的协同环境。

北京工业大学教授、博士生导师赵晓华带来了题为“夯实智能驾培基础 赋能交通安全发展”的演讲，概述了如何应用智能终端帮助驾驶培训企业提升综合效益。

公安部道路交通安全研究中心驾驶人安全研究部负责人巩建国进行了主题为“机动车驾驶人管理政策演变与探讨”的演讲，介绍了随着我国经济的发展，驾驶证申领、驾驶人管理政策的演变及发展方向。

株洲市时代驾校有限责任公司创始人胡莹带来了题为“构建驾培产业发展与安全的数智化土壤”的演讲，她指出科技赋能驾驶培训行业，是为了促进驾驶培训行业更好地培养既合格又合法的驾驶人。

中国道路运输协会副会长、机动车驾驶培训分会理事长、中国道路交通安全协会副会长，本届国际论坛执行主席闫文辉发表了主题为“科技推动发展 创新助力安全”的演讲。他表示，发展是安全的基础和支撑，安全是发展的前提和保障。驾驶培训行业是保障道路交通安全的基础性、先导性、服务性行业，其良性发展是道路交通安全健康发展的有力支撑。东方时尚驾驶学校股份有限公司始终把向社会输送合格驾驶人作为己任，一直以来积极推动驾驶培训由应试教育向素质教育的转变，身体力行地推动 VR、AI 和 5G 技术与驾驶培训进行融合，从而助力驾驶培训事业高质量发展。

第二章

领导致辞实录

第一节　坚守初心使命　深化改革创新 推动驾培行业高质量发展

宣登殿
交通运输部运输服务司副司长

交通运输部运输服务司副司长宣登殿在论坛上致辞

尊敬的各位来宾，女士们，先生们：

大家上午好！

很高兴能够参加第六届“机动车驾驶培训与道路交通安全国际论坛”。从2016年开始，中国道路运输协会和中国道路交通安全协会联合举办了五届国际论坛，有效促进了机动车驾驶培训领域先进理念与创新实践的交流碰撞，搭建形成了高水平的国际交流合作平台。本届论坛聚焦“发展与安全”主题，邀请了国内外驾驶培训领域专家代表齐聚一堂，共同探讨新形势下驾驶培训发展的新理念、新举措，必将有力推动我国驾驶培训行业高质量发展和道路交通安全水平的持续提升。在此，我代表交通运输部运输服务司，向论坛的召开表示热烈祝贺！向长期以来关心支持驾驶培训行业发展的各位领导、各界朋友表示衷心的感谢！

机动车驾驶培训作为交通运输重要的服务领域，担负着为社会培养安全文明驾驶员、守护道路交通安全第一道防线的重要使命。近年来，在各方面共同努力下，中国机动车驾驶培训行业在市场规模、培训质量、创新服务等方面取得了明显成效，有力支撑了机动车的快速普及和汽车社会的到来，为推动汽车产业发展、提升交通运输服务水平作出了重要贡献。一是培训教学能力不断提高。“十三五”以来，年均学员培训量超过2600万人次，近十年来为社会累计培养超过2.4亿名驾驶员，目前，全国机动车驾驶人已超过5.1亿人。二是培训服务质量持续提升。“计时培训、按学时收费、先培训后付费”服务模式加快推广，培训服务合同全面普及，学员自主预约培训时段、自主选择教练员、自主选择缴费方式日益普遍，增强现实（AR）、虚拟现实（VR）体验式教学和个性化服务加快应用。三是市场主体活力不断迸发。各地认真贯彻落实国务院“放管服”改革部署，提升监管效能，激发市场主体活力。截至2021年底，我国驾驶培训机构超过2.1万家，教练员近90万人，教练车80余万辆，分别比2012年增长了76%、70%和86%，较好满足了社会公众学驾需求。四是行业管理制度体系加快完善。去年，我部全面修订《机动车驾驶员培训管理规定》，明确备案管理等要求，优化监管服务举措；会同公安部修订《机动车驾驶培训教学与考试大纲》，优化调整培训学时要求，加强培训与考试内容的衔接，发布计时培训系统、驾驶培训模拟器等标准，规范培训教学服务要求。

在看到成绩的同时，我们也清醒地认识到，我国机动车驾驶培训行业仍存在一些突出问题：培训内容上重应试教育和操作技能、轻安全理念和文明素养；教学服务上重管理约束和传统手段、轻理论教学和个性化培训；市场经营上重成本控制和价格竞争、轻服务意识和质量提升；管理方式上重规模扩张和经济考量、轻诚信建设和文化培育。

另一方面，机动车驾驶培训行业也面临着许多新形势、新情况、新挑战。短期来看，预计到2025年我国汽车总保有量为3.8亿～3.9亿辆，千人汽车拥有量为 270 ~ 275 辆，新车销量将达到 3500 万辆，我国将加速进入汽车社会。此外，随着学驾年龄上限的逐步放宽，预计“十四五”期间市场需求仍将在高位徘徊。长远来看，2022 年我国人口自然增长率由正转负，自 1962 年以来首次出现总人口负增长，也意味着学驾适龄人口数量将从波峰开始回落，市场需求增速趋缓，培训规模将逐步回落。总体来看，驾驶培训行业面临的内外部环境将发生深刻变化，市场竞争也日趋激烈，逐步进入矛盾积弊凸显期、转型升级阵痛期和改革创新攻坚期，对行业治理体系和治理能力提出严峻挑战，需要充分发挥管理部门、行业专家和广大驾驶培训企业的集体智慧，加强沟通、群策群力、共同推动解决。

下一步，我们将以贯彻落实新修订的《机动车驾驶员培训管理规定》和《机动车驾驶培训教学与考试大纲》为契机，进一步转变管理理念，创新治理方式，加快推动驾驶培训工作实现“4 个转变”，即行业发展方式从规模扩张向提质增效转变，行业发展动力从要素驱动向创新驱动转变，行业管理重点从事前准入管理向事中事后监管转变，培训教学方式从应试型、模式化向素质化、人性化转变，不断提升驾驶培训行业治理能力和水平。为此，我提四点工作建议，供大家参考。

一是要坚持问题导向，着力推动高质量发展。聚焦行业发展和教学服务存在的热点难点问题，进一步优化完善管理制度和监管措施，特别是严格落实“许可改备案”，既不能“放任不管”，也不能“大包大揽”，该放的要坚定不移地放下去，该管的要理直气壮地管起来，该服务的要精准精细服务到位。驾驶培训机构要以培养安全文明高素质驾驶员为核心，着力提升教学服务质量，强化素质教育，避免依考定培，要将安全文明素质教育贯穿教学培训全过程。

二是要保持发展定力，切实增强发展信心。由规模扩张向集约化转型是包括驾驶培训在内的许多行业发展的普遍规律和必然趋势。虽然当前驾驶培训市场竞争日趋激烈，学驾需求增速趋缓，但“十四五”期驾驶培训市场规模仍将在高位徘徊。交通运输管理部门和广大驾驶培训机构要继续保持发展定力，创新发展思路，坚定不移走内涵式、专业化、品牌化发展道路，以质量求生存，以质量求发展，向质量要效益，开源节流、降本增效，不断提高核心竞争力，推动驾驶培训行业行稳致远、健康发展。

三是要深化改革创新，不断改进学员服务体验。机动车驾驶培训行业是服务性行业，如何提供高质量的培训服务，不断提高广大学员的满意度和获得感，是驾驶培训行业发展的永恒追求。驾驶培训机构作为直接面向市场、服务学员的经营主体，要以需求为导向，以创新为动力，主动对标学员需求，挖掘市场潜力，调整经营策略，创新服务举措，为学员提供更多个性化、差异化、高品质的服务，不断改进学员服务体验，用学员的口碑塑造行业品牌，打造行业发展的风向标。

四是要坚守初心使命，坚决守牢发展底线。驾驶培训机构肩负着传播安全驾驶技能、弘扬交通文明理念的重要使命。我们鼓励和支持驾驶培训机构在教学培训和学员服务等方面积极探索创新、降本增效，但新技术、新模式、新业态的发展必须依法依规，绝不能以弱化素质教育、影响交通安全、侵害学员合法权益为代价，要坚守“培养安全文明驾驶员”的初心使命，不折不扣地将驾驶培训教学大纲、安全文明驾驶理念落实到位，不断提高学员培训质量，切实筑牢道路交通安全第一道防线。

最后，预祝论坛取得圆满成功！谢谢大家！

第二节　担负责任使命　发扬职业精神 共创良好道路交通环境

王　强
公安部交通管理局副局长

公安部交通管理局副局长王强在论坛上致辞

各位嘉宾，女士们、先生们：

大家好！首先，我代表公安部交通管理局对第六届“机动车驾驶培训与道路交通安全国际论坛”隆重召开表示热烈的祝贺，对参加论坛的国内外专家、贵宾表示热烈的欢迎。

自 2016 年起，论坛已成功举办五届。今年第六届论坛的举办时值全面贯彻落实二十大精神、开启中国式现代化新征程之际，站在新的起点，此次论坛聚焦“发展与安全”这一主题，国内外专家、学者齐聚长沙共商良策，对推进驾驶培训行业高质量发展具有重要意义。近五年，中国机动化进程纵深推进，机动车保有量从 2.9 亿辆增长到了 4.2 亿辆，汽车保有量从 1.94

亿辆增长到3.2亿辆；驾驶人数量从3.6亿增长到5.1亿，总量和增量均居世界首位。道路交通安全直接关系每一个人、每一个家庭的平安幸福。为适应新形势、新要求，我们进一步完善顶层设计，坚持依法治理，修订部门规章《机动车驾驶证申领和使用规定》，配套制修订20多个规范驾驶考试的系列规定和标准，推进驾驶考试科学化、智能化、规范化，严格驾驶人源头安全准入。进一步深化改革创新，坚持以人民为中心，深化交管便民利企改革，全面推行驾驶证业务一证通办、全国通考、驾驶证电子化、C6驾驶证等130多项改革措施，减少群众和企业办事成本1000多亿元，以减惠民、赋能发展。进一步推进共建共治，坚持多元协同、共治共享，发动社会力量组织交通安全公益宣讲，会同交通部门深化文明交通进驾校“五个一”活动，深入实施城市交通文明畅通提升行动，大力开展“中国式过马路”“礼让斑马线”“一盔一带”等整治宣传倡导，人民群众交通安全意识不断提高。借此机会，向长期以来为推进落实驾驶培训考试制度改革、提升我国驾驶人安全文明素质作出努力和贡献的驾驶培训工作者致以诚挚的感谢。

回顾过去五届论坛，主题紧紧围绕“安全”，突出“责任”“质量”“诚信”“职业”和“科技”，与时代相通、与行业相融，为促进驾驶培训行业发展作出了重要的、积极的贡献。今年论坛主题聚焦“发展与安全”，既有延续，更有创新，契合了高质量发展的新时代、新要求。论坛邀请了许多国内外专家、学者，为大家思想交流碰撞、知识交叉融合搭建了很好的平台。论坛期间还将举办第二届全国机动车驾驶理论教学公益竞赛决赛，必将对提高我国驾驶培训质量、提升交通安全现代化治理水平起到积极的推进作用。希望通过深入座谈交流，进一步凝聚共识、汇聚力量，共促发展。

目前，我国驾驶人数量已经超过5亿，且每年仍以2000多万的数量增长。驾驶人素质是影响道路交通安全的核心要素，驾驶培训是培育新驾驶人的重要基础，从培训源头强化驾驶人素质教育提升对提升交通安全现代化治理能力、促进整体社会文明进步具有重要意义。在此，我提出四点希望，与大家共勉。

一是担负培育安全文明驾驶人责任使命。培养安全文明新驾驶人，保障人民群众生命财产安全，是驾驶培训行业共同的初心使命。希望行业坚守职责使命，推进驾驶培训模式改革创新，完善融安全文明驾驶知识、意识、技能“三位一体”的教学模式，建设融专业化、职业化、品牌化“三化一体”的教学队伍，培育高水平理论讲师、技能教练，设计高质量教学体系、教学课程，培育具有安全守法意识、规范驾驶技能、文明谨慎习惯的合格驾驶人。

二是发扬爱岗敬业、精益求精职业精神。教练员担负传道授业重要职责，队伍职业素质是影响驾驶培训质量的关键因素。希望管理部门、行业继续重视加强优秀教练员培养，发扬好爱岗敬业、精益求精职业精神，传递尊重路权、遵守规则的法理知识，传授安全驾驶、规范操作的驾驶技能，传播谦逊礼让、文明交流的交通文化，为学员上好开车“第一堂课”。同时，希望能够通过举办驾驶培训教学竞赛等活动，选树典型标兵，组建公益宣讲团、讲师团，深入开展交通安全公益宣讲团“进农村”“进驾校”“进企业”活动，推动建设专业化、职业化高素质教学队伍。

三是推动驾驶培训科技创新实现高质量发展。科技是第一生产力，是推动驾驶培训行业现代化的重要引擎。希望行业以大数据、智能化的手段，不断推进驾驶培训模式的改革创新，将科学的驾驶培训理论与先进的技术相融，强化道路交通规则场景、风险场景的训练，增强学员规则意识、风险意识、操作技能，让科技服务行业、赋能发展，推动应试教育向素质教育转型升级。

四是坚持协同共治共创良好道路交通环境。交通安全形势的根本好转、良好交通秩序的持续营造，依赖于驾驶人安全文明素质提升，这是一项系统工程，需要综合发挥政府部门、企业、公众的力量。公安交通管理部门将围绕推进交管工作现代化，严格规范驾驶人考试管理，加强与相关部门、行业沟通协调，形成工作联动、责任共担的工作合力，深化文明交通进驾校“五个一”行动，加强交通安全文化建设，让交通安全走进千家万户，让文明交通在全社会蔚然成风。

展望未来，我们对做好驾驶培训行业高质量发展充满信心。我们相信，新的伟大征程上，只要大家勇于担当、勠力同心、踔厉奋发，就一定能够推动全社会形成安全文明、守法礼让的驾驶风尚，建起安全、有序、畅通的道路交通环境，为建设更高水平的平安中国、交通强国作出更大的贡献！

最后，预祝论坛圆满成功！谢谢大家！

第三节　培育交通规则意识　科技赋能提质增效　切实提升驾驶人交通安全文明素质

王长君
公安部道路交通安全研究中心主任
中国道路交通安全协会会长

公安部道路交通安全研究中心主任、中国道路交通安全协会会长王长君在论坛上致辞

尊敬的各位嘉宾，女士们，先生们：

大家上午好！第六届“机动车驾驶培训与道路交通安全国际论坛”今天如约在美丽的浏阳河畔隆重召开，中国道路交通安全协会作为大会的主办方之一，热烈欢迎各位嘉宾、各位同仁、各位国外的友人光临到来！

从 2016 年起，国际论坛围绕着驾驶培训机构的经营理念、培训质量和技术应用，聚焦如何促进道路交通更加安全，已经成功地举办了五届。本届论坛更是汇聚了多位国内外的知名专家学者，搭建了交流平台，集众智、聚共力、谋良策，相信一定会给大家带来更多启发，更深入的思考和创新理念，为推动我国驾驶培训行业的高质量发展，提升道路交通安全起到积极作用。

从个人角度来讲，我更期待也更关注本次论坛的主题“发展与安全”，我想这个主题一定会在整个论坛过程中产生很多讨论、共鸣、思考。

发展和安全从理念上来讲，如果说在机动化、城镇化的初期我们更强调、更注重的是发展基础上的安全，在如今机动化中期，或是中后期时我们更强调的是发展和安全的并重。当然，随着经济社会的持续发展，在机动化后期、晚期、末期，我们将会有，或者我们期待着有安全前提下的发展，所以这是我个人对大会主题“发展与安全”的理解。至于我们更应该处在什么样的阶段，如何均衡、平衡安全与发展的关系，我想在我们整个论坛中会有更多讨论，也希望能够有更多讨论，让我们更好地平衡好发展，不管是驾驶培训行业发展，还是整个道路交通发展和交通安全的关系。

就发展的安全，安全和发展，安全的内涵，发展的路径，我提两点个人想法：

首先，因为我是来自道路交通安全协会，所以更多关注安全。

安全的内涵又是什么呢？我个人认为我们驾驶培训行业要推动交通安全的内涵和着力点在以交通规则意识来培养安全性。我国道路交通事故中90%以上都是因为驾驶人违法行为导致的。驾驶培训行业作为学员最沉浸、最专业、最直接、最系统的教授道路交通知识和培养驾驶技能的基地，是学员们学习交通规则意识的开学第一课，是未来的驾驶人严格遵守交通规则的第一粒扣子，这个第一粒交通安全的扣子能不能系得紧、系得正是驾驶培训行业的职责所在、使命所系，理应成为行业共识。

其次，发展。我个人觉得在我们今天经济社会发展的大背景、大环境下，驾驶培训行业的高质量发展，机动化、城镇化进程的中后期或者后期的驾驶培训行业高质量发展，则必须也应该有一个优胜劣汰的过程，是一个应该上档次、上规模的过程，是一个应该能够更好地体现社会责任感和安全使命的过程。这是我个人对驾驶培训行业关键字的理解。当然，在科学技术高速发展的今天，驾驶培训行业的发展肯定离不开新技术，包括高新技术的推动。

我们要坚定地走科技赋能的路，应用如智能培训终端来降低成本，提质增效，提升学员的安全意识水平。充分运用相关技术构建以规则意识培养为核心的数字教育体系，用科学技术来推动行业向高质量发展。

最后，感谢论坛为提升我国驾驶人交通安全文明素质所作出的努力和贡献。

各位同仁们，预祝本次论坛圆满成功。谢谢大家！

第四节　与时俱进　创新引领 共谋行业高质量发展之路

张光合
中国道路运输协会秘书长

中国道路运输协会秘书长张光合在论坛上致辞

各位领导，各位来宾，各位代表：

大家上午好！我们在美丽的长沙相聚，共同参加由中国道路运输协会和中国道路交通安全协会共同举办的“机动车驾驶培训与道路交通安全国际论坛”。

首先，我谨代表中国道路运输协会王丽梅会长向大家的光临和对大会的支持表示衷心感谢！感谢各方对本届国际论坛的支持，谢谢大家！

本次国际论坛能够成功召开，得益于各方的大力支持，得益于政府主管部门的关心指导，得益于同业机构的大力支持，得益于广大会员和驾驶培训机构以及驾驶考试机构的积极参与。因为这是我们共同的论坛，是我会和道路交通安全协会着力打造，并且全力推进建设的政府与驾驶培训行业、驾驶培训与驾驶考试机构、科研与教育机构、国内外同业之间的重要交流平台，是驾驶培训行业向数字教育转型，持续提升驾驶培训质量，提高道路交通安全水平，推动行业高质量发展的重要工作载体。

作为国家5A级行业协会和全国先进社会组织，中国道路运输协会一直高度关注并大力推动驾驶培训行业高质量发展。

驾驶培训行业作为基础性、先导性行业，其良性发展关系到加快建设交通强国和平安中国建设，更是服务人民群众美好生活的坚实保障。历届论坛的主题始终以政府对驾驶培训行业的要求，社会对驾驶培训服务的期望，交通对驾驶培训支撑的需要高度契合，始终随时代发展而动，不断迭代升级，与时俱进，以新政策研讨、新技术应用、新理念引领，推动驾驶培训行业在坚守安全责任的同时，谋求转型发展之路，引导广大会员和驾驶培训机构能够克服疫情造成的重大影响和困难，能够带领广大驾驶培训机构奔向更加美好的未来！

本届论坛既是行业大聚会，更是坚定信心、恪守安全宗旨的宣传阵地，也是谋划未来发展之路，优化行业服务手段，带领全体驾驶培训同行坚守初心使命，兼济社会福祉的全新起点。论坛邀请了我国重点驾驶培训机构人员、相关科研院所专家、科技应用研发机构学者以及典型国家和地区的嘉宾代表发表主旨演讲。组织了围绕驾驶培训行业高质量发展的沙龙论坛，主题鲜明，内容丰富，我也希望各位代表能够利用好这个平台，充分交流，拓展思路，共谋发展。

最后，再次感谢政府主管部门的莅临指导，感谢中外演讲嘉宾的智力贡献，感谢相关机构的大力支持，感谢全体代表的积极参与，预祝论坛取得圆满成功。

谢谢各位！

第三章

嘉宾精彩演讲

第一节　驾驶模拟器和数字化交通法规新技术正在进入驾培领域

伊萨克·贝林（法国）
法国CER Bobillot驾校车辆驾驶培训管理部门负责人

伊萨克·贝林先生在演讲

法国CER Bobillot驾校车辆驾驶培训管理部门负责人，从事驾驶教学11年，具有丰富的驾驶教学经验，致力于帮助年轻人更加安全、便利的出行。

摘　要

本文结合法国驾驶培训实际，分析了将智能手机和互联网教学引入驾校培训的优势，阐述了驾驶模拟器和数字化的交通法规是学好驾驶课程的良好补充，特别是驾驶模拟器可以提供身临其境的真实体验，培训效果良好。

一、法国的优质驾校

机动车驾驶培训行业不仅要教授学员驾驶技能，让学员成功地获得驾驶证，更要培养其成为具备文明、安全意识的合格高素质驾驶员。为了培养具有文明交通素养的高素质驾驶员，首先要提高教学水平，以过硬的操作技能知识保证学员的考试通过率。学员的考试通过率高，可以为驾校带来较好的声誉，口碑效应能带动更多学员报名学习，形成互利共赢的良性循环。然而，口碑积累的基础是高的教学水平和好的服务质量，驾驶培训机构作为培养新驾驶员的首要关口，更应培养更多具有安全文明意识且操作技术水平过硬的驾驶员，这将为减少交通事故，提升国家的道路交通安全水平提供更好的保障。

法国驾驶培训的实际场景

CER Bobillot 驾校的考试合格率在整个巴黎是首屈一指的，我们主要有两个做法。一是因材施教。驾校会根据不同时期的教学需求及学员本身的年龄和性格，量身定制个性化的培训方案。二是对教练员有严格的选拔培养体系。成为一名合格的教练员有一定的硬性要求，其年龄不能低于20岁，要拥有B类驾驶证，身体健康，并且没有任何犯罪记录。入职后进行8个月的培训，考核合格后才可以取得教学资质。

法国取得教练员执照的要求

准入条件	培训
年龄在20岁以上	取得法国“BAC+2”学历（相当于2年制职业大专学历）
持有最高级别的B级驾驶证	8个月的入职培训

续上表

准入条件	培训
县级以上医院开具的医疗健康证明	1260 小时培训
没有犯罪记录	平均培训成本为 8500 欧元 / 人

在日常培训教学工作中，教练员首先要向各位学员教授相关的理论知识和实操知识。其次，教练员要陪伴学员完成相关学习，帮助学员树立自信，培养学员建立新的思维方式，引导学员把汽车看成是一个成熟的工具。让学员认识到交通工具能够使出行更加便利、灵活，从而打消学员紧张的心情。最后，教练员要培养学员注重规则意识，从思想上建立安全文明行车的意识。

教练员应发挥的作用和应具备的技能

应发挥的作用	应具备的技能
教授驾驶理论知识和实际操作能力	耐心教学的能力
为学员通过考试做准备	良好的身体适应能力
提振学员信心	反应能力
提升学员规则意识	维护良好人际关系的能力

CER　Bobillot 驾校地处巴黎，是法国境内规模较大的驾校。我们能够进行手动挡和自动挡汽车的驾驶培训，并且包括新能源汽车的驾驶培训。自 2016 年起，驾校就专门设置了新能源汽车培训，环境保护在法国很受重视，驾驶培训机构会将新能源汽车培训模式优先推荐给学员，因为我们承担着构建更加清洁环境的使命。在考试合格后，学员也有更强的意愿购买新能源汽车。

手动挡教练车

自动挡教练车

同时，我们提供摩托车（轻型摩托车）和挂车的驾驶培训。我们还有专门的道路安全驾驶相关法律法规、驾驶模拟器和学法减分的分班制课程培训。

摩托车培训

轻便摩托车培训

轻型牵引挂车培训

道路交通规则

驾驶模拟器训练

学法减分

法国驾校的各种培训课程

此外，我所在的驾校还有一些特色培训，一是针对担心道路安全隐患，不敢去开车、存在心理焦虑的学员，开展专门的心理培训。二是 VR 驾驶模拟器训练。通过驾驶模拟器让学员体验高速行驶或在车流量大的路段安全驾驶。三是残疾人士的驾驶培训。在普通自动挡车辆上加装辅助装置，对特殊人群进行专业的驾驶培训。在法国，使用加装专用辅助装置的车辆进行残疾人士的培训，其费用通常要比普通培训高 2 ～ 3 倍，但我所在的驾校依旧采用同样价格进行培训，尽量保障特殊人群能够得到专业的培训。

VR 驾驶模拟器讲解

残疾人士驾驶培训

驾校的特色训练

二、法国驾驶考试的特点

在法国，驾驶证考试是第一大考试。2021 年新申请驾驶证考试的数量超过 130 万人。其中有 85% 是小型汽车，15% 是摩托车和其他类型的车辆。如下图所示，法国每个月申请驾驶证考试的人数都比较平均。在申请驾驶证考试的人群中，79% 是年龄在 18 ~ 24 岁之间的青年人，大部分来自大城市，52% 是男性，48% 是女性。为了保证通过，一些学员选择延迟考试，增加训练次数来提高通过率。另有 22% 的人选择聘请陪练，他们倾向于选择自己的父母作为自己的陪练老师，跟随家长学习驾驶操作来提高考试通过率。

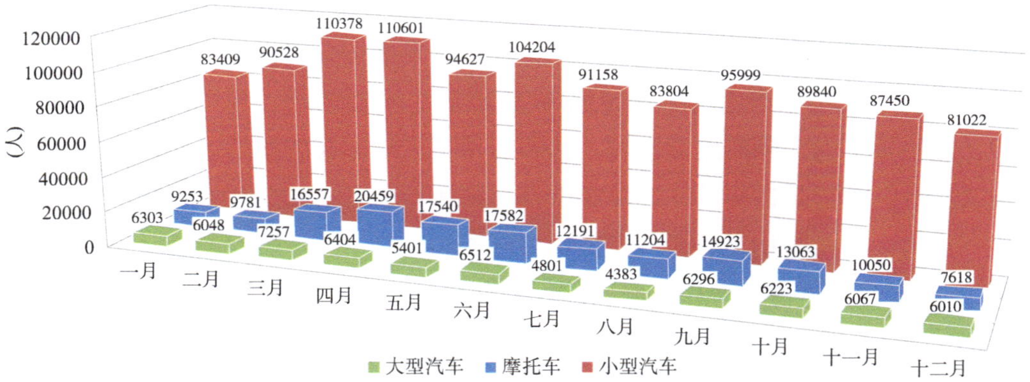

2021 年法国各种车型驾驶证注册情况

在法国 6800 万人口中，约 4800 万人拥有驾驶证，驾驶证渗透率达到 70% 左右。每个新学员需要学习满 36 个小时，平均学费 1800 欧元，训练时长为 6 个月到一年。其中新学员首次参加法规和理论知识考试的通过率约为 54.7%，首次参加实际道路考试的通过率约为 58.4%。城乡之间仍存在差异，在乡村参加驾驶考试的通过率会更高一些，像巴黎这样的城市通过率约为 44%。

三、法国交通事故情况

2021 年法国涉及人身伤亡的交通事故共有 53540 起，超过 3000 人（30 日内）死于交通事故，84% 的事故肇事者为男性。女性驾驶员通常认为车只是出行工具，而很多男性驾驶员喜欢寻求速度带来的刺激，因超速导致的交通事故比例较大。令人欣慰的是，从 2003 年起法国交通事故死亡率逐渐下降。

但是，有两大类事故自 2019 年以来数据一直走高。一是自行车交通事故，二是个人机动出行工具交通事故，如电动自行车等。现在法国的基础设施还无法承受这么多自行车上路，不足以保护自行车骑车人的安全骑行。但是，如果进行道路改造则成本较高。2021 年法国投入道路交通安全的预算为 37 亿欧元，其中有 17 亿欧元是来源于交通违法罚款。

通过全球各国每年每 10 万人中死于道路交通事故的人数占比，可以反映各国的道路交通安全水平，目前来看，欧洲整体的道路交通安全居世界较为先进的水平。

保障道路交通安全有三个核心要素。一是实现基础设施的现代化。在法国，有相当一部分的预算用来进行道路维护，保证每条道路都处于最好的路面状况。近几年，法国还设定了一些速度不能超过 30 公里每小时的区域，并优化了自行车道。同时，从注重节能环保的角度出发，法国运用了张贴标志的政策。张贴标志的车辆代表其排放污染物是达标的，可以在低排放区域行驶。而排放污染严重的汽车，只能在一天当中的某些指定时间进入低排放区域。二是进行道路交通安全宣传教育。对满 14 周岁的学生进行课程化培训，对于未满 14 周岁的孩子们，也会进行道路交通安全相关教育。三是机动车驾驶员的培训。由两部分组成，第一部分是理论考试，包括交通规则和道路安全相关法律法规的知识，第二部分是驾驶实操培训。此外，对于从事驾驶培训教练员也要求其具有相关资格证书，并且要先完成培训，才能上岗教学。

如今，法国驾驶培训已进入数字化培训阶段。一方面，可以在手机上远程学习交通法规，或通过远程视频教学进行培训。另一方面，利用科技手段赋能驾驶培训。用于驾驶培训的新能源和智能汽车已经涵盖坡道起步、辅助停车、车道保持、车载视频投屏、紧急制动辅助等功能。在培训时使用驾驶模拟器进行教学，可以打破时间、天气、空间、路况等限制，还可以利用人工智能技术模拟车辆故障或交通事故的处置方法。

法国驾驶模拟器培训场景

今后，希望能够在全球范围内形成对道路交通安全的统一认知，建立全生命周期的交通参与者安全文明素质的培养体系，加强驾驶员对于道路交通安全的意识和敏感度，减少道路交通事故，这样全球道路交通文明可以上一个新的台阶。

第二节　机动车驾驶员培训行业高质量发展的思考

曾　诚（中国）
交通运输部公路科学研究院汽车运输研究中心技术质量总监

曾诚先生在演讲

研究员，交通运输部公路科学研究院汽车运输研究中心技术质量总监，全国道路运输标准化技术委员会委员，硕士研究生导师。主要从事机动车驾驶安全与节能、道路运输安全管理等方向的政策研究与技术研发工作。主持和参与了国家级、省部级科研项目40余项，获得公安部、中国公路学会、中国智能交通协会和中国节能协会科学技术一等奖3项、二等奖4项、三等奖2项；主持制定国家标准《机动车驾驶员培训机构资格条件》（GB/T 30340）和交通运输行业标准《机动车驾驶员培训机构培训服务规范》（JT/T 1099）、《机动车驾驶员安全驾驶技能培训要求》（JT/T 915）等20余项各类标准；参与《机动车驾驶员培训管理规定》《机动车驾驶培训教学与考试大纲》《机动车驾驶员计时培训系统计时终端技术规范》等规章和技术规范的制修订工作。

摘　要

本文概述了机动车驾驶员培训行业发展成就，阐述了机动车驾驶员培训行业发展面临的机遇和挑战，分析了机动车驾驶员培训行业高质量发展框架、路径及建议。

一、驾驶培训行业取得的发展成效

驾驶培训行业取得的发展成效可以从宏观和微观两个方面来看。

从宏观方面的 4 个维度来介绍。

第一个维度是行业发展规模。行业发展规模主要是从驾驶培训机构数量、教练车和教练员的数量变化情况进行分析。

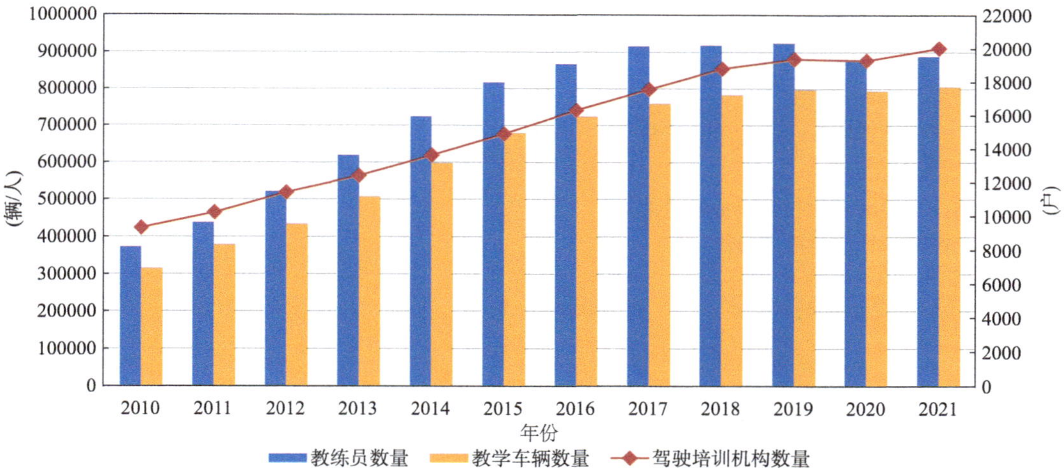

2010—2021 年驾驶培训行业发展规模变化情况

驾驶培训行业在“十二五”和“十三五”的十年时间内，驾校数量、教练车数量和教练员人数总体上都是呈现逐年增长的态势。当然，在 2020 年出现波动，主要是受到了新型冠状病毒疫情的影响。将 2021 年与 2011 年的数据进行对比发现，在这十年当中，全国驾校数量增长了 97%，教练员人数增长了 103%，教练车数量增长

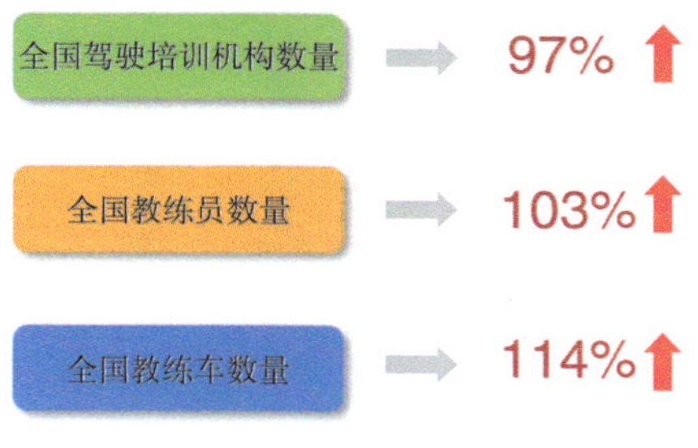

2021 年驾驶培训机构、教练员、教练车数量相比 2011 年的增长率

了114%。这意味着驾驶培训行业经过“十二五”和“十三五”期间的发展，整个行业规模相比“十二五”初期翻了一番。

接下来我们看第二个维度，驾驶培训行业服务社会的能力。服务社会的能力具体从两个方面来体现，一是驾驶培训行业对社会学驾需求的响应能力。目前，全国驾校能够提供所有车型的驾驶培训服务，满足学员对各种车型的学驾需求。二是驾驶培训行业每年培训学员的总量情况。“十二五”和“十三五”的十年期间，全国驾驶培训行业每年培训学员的数量逐年增长。其中，在2020年受新型冠状病毒疫情的影响，有小幅的波动。在“十三五”期间，驾驶培训行业每年培训的人数大概在2500万人次。在“十二五”和“十三五”的十年期间，驾驶培训行业累计培训的学员人数是2.72亿人次，培训合格人数为2.27亿人次。驾驶培训行业十年间累计培训的学员人数规模非常大，也体现了驾驶培训行业服务社会能力的显著提升。

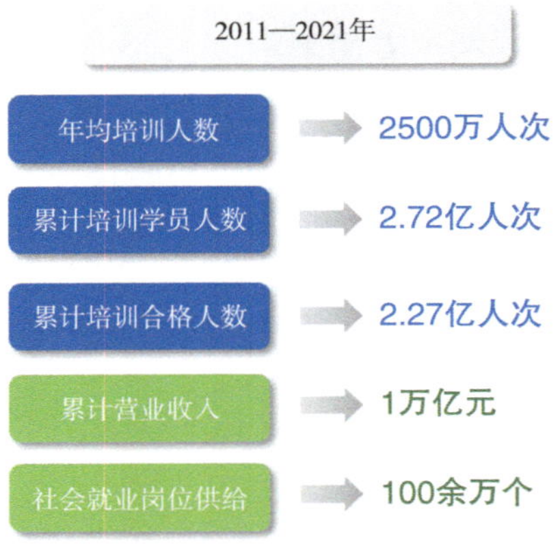

2011—2021 年驾驶培训行业服务社会能力与产生的社会经济效益情况

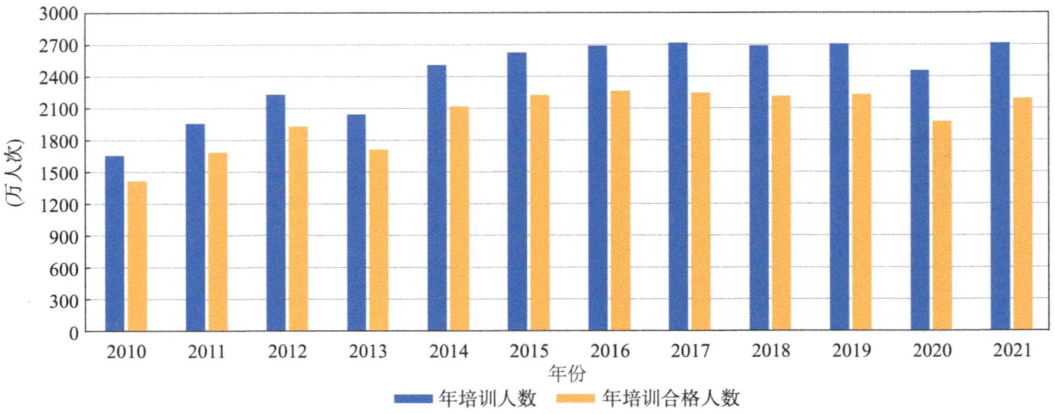

2010—2021 年我国驾驶培训行业年培训量变化情况

第三个维度是驾驶培训行业对社会经济发展的贡献。根据培训学员数量的测算，驾驶培训行业在2011—2021年间累计营业收入接近1万亿元，每年给社会提供的就业岗位超过100万个，驾驶培训行业对于促进国家"六稳六保"作出了很大的贡献，这是驾驶培训行业在促进社会经济发展方面取得的成效。

第四个维度是社会安全效益。安全是驾驶培训行业生存的根本，也是驾驶培训行业发展的基础。通过重点分析3年（含）以下驾龄驾驶员肇事的交通事故起数，以及事故致死人数的变化情况，可以看出驾驶培训行业对社会交通安全效益的积极作用。

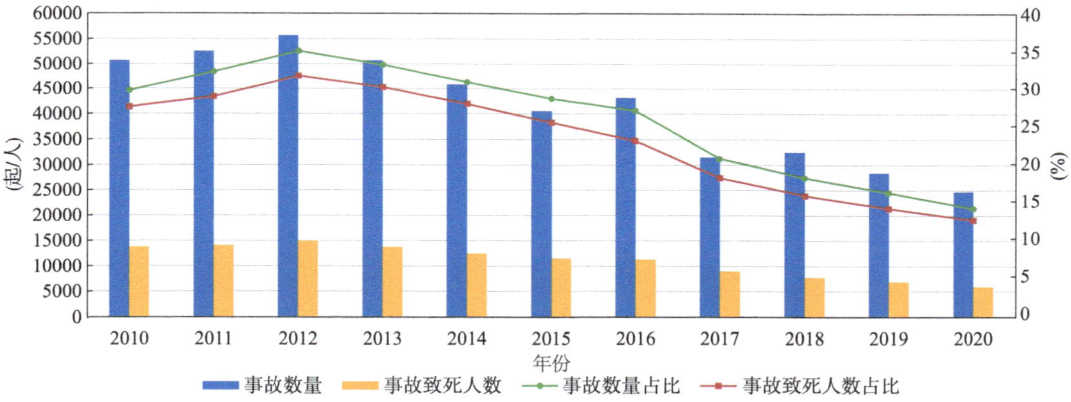

2010—2020年我国3年及以下驾龄驾驶员交通事故情况

从数据统计来看，2010—2020年间，无论是3年（含）以下驾龄的驾驶员，还是1年（含）以下驾龄的驾驶员肇事的交通事故起数和事故致死人数均呈现下降趋势。其中，3年（含）以下驾龄的驾驶员肇事事故起数由2012年的35.16%下降为2020年的14.38%，下降了近21%；事故致死人数由2012年的31.77%下降为2022的12.77%，下降了19%。3年（含）以下驾龄驾驶员的交通安全状况有很明显的改善。

1年（含）以下驾龄驾驶员肇事的事故起数由2012年的17.43%下降为2020年的3.88%，下降了近14%；事故致死人数由2012年的15.37%下降为2020年的3.41%，下降了近12%。意味着1年（含）以下驾龄驾驶员的事故下降情况由两位数变成了个位数，其安全情况有很显著的改变。

2020 年我国 3 年及以下驾龄驾驶员与 1 年及以下驾龄驾驶员交通事故相比 2012 年的变化情况

类型	事故起数占比		事故致死人数占比	
	2012 年	2020 年	2012 年	2020 年
3 年及以下驾龄	35.16%	14.38%	31.77%	12.77%
	↓ 21%		↓ 19%	
1 年及以下驾龄	17.43%	3.88%	15.37%	3.41%
	↓ 14%		↓ 12%	

由于低驾龄驾驶员的安全事故情况受驾驶培训质量的影响最为显著，从上述统计数据分析来看，十年当中驾驶培训行业为社会培养了 2 亿多名新驾驶员，但是社会道路交通安全状况并没有恶化，而是有明显的改善。因此，可以认为驾驶培训行业对社会道路交通安全改善起到了很大的促进作用。驾驶培训行业的培训质量稳步提升，这也是驾驶培训行业所取得的重要成效。

下面再从微观层面来看驾驶培训行业在这十年当中的发展成效。

驾驶培训行业取得的发展成效

第一，驾驶培训规范化程度。经过数十年发展，驾驶培训行业目前已经形成了理论教学、模拟训练和实操训练三位一体的训练模式。

交通运输部自 20 世纪 90 年代初成为驾驶培训行业的主管部门以来，组织制定了驾驶培训教学大纲，历经 27 年发展，先后对教学大纲进行了 6 次修订，不断进行完善。同时，交通运输部组织编制了全国统一的驾驶培训教材《安全驾驶从这里开始》，目前也是历经了 3 次改版。教学大纲和培训教材都为驾校规范开展培训提供了坚实的技术保障。

第二，新技术的应用。随着新一轮技术革新，驾驶培训行业也在不断地推行网络远程理论教学、模拟驾驶训练技术，以及智能辅助教学技术的应用，驾驶培训行业的教学技术取得了明显进步，改善了培训效率。

第三，驾驶培训环境舒适性。驾校培训环境的舒适性主要体现在两方面。一是驾校教练车的状况。目前，驾校教练车的品牌多样化，更好地满足了学员的学驾需求。此外，驾校教练车的新度系数一直保持在比较高的水平，为学员训练的舒适性和训练安全提供了很好的保障。二是驾校训练与服务设施。在近十年间，花园式驾校不断涌现出来，改变了实操训练时尘土飞扬的状况，有了更好、更舒适的环境。学员在驾驶训练之余，还能够在驾校喝咖啡、阅读、参加健身运动和娱乐活动。让学员在紧张的工作和生活之余，能够在驾校体验到另外一种快乐，也是驾校环境舒适性方面的改善。

第四，行业文化建设。一方面，驾校经过数十年发展，已经形成了守法、诚信、责任、专业的经营理念；另一方面，驾校不同程度地配置了交通安全宣传教育设施设备，发挥了道路交通安全宣传教育主阵地的作用。

第五，关于驾校学员满意度情况。通过 2021 年面向全国 31 个省（区、市）开展的网络调研活动可以看出，现在驾驶培训行业的社会学员满意度达到了 85% 以上，而且在持续的提升。这也是驾驶培训行业取得的发展成效。

驾驶培训行业从宏观和微观层面所取得的成效，很重要的原因是驾驶培训行业经过数十年发展，形成了一套“以法律法规为核心、以规范性文件和标准规范为补充”的行业管理法规政策体系，作为行业发展很好的支撑和保障。同时，也是在交通运输部门和公安部门共同领导下，以及所有驾驶培训同仁的共同努力下，才取得了这个成果。

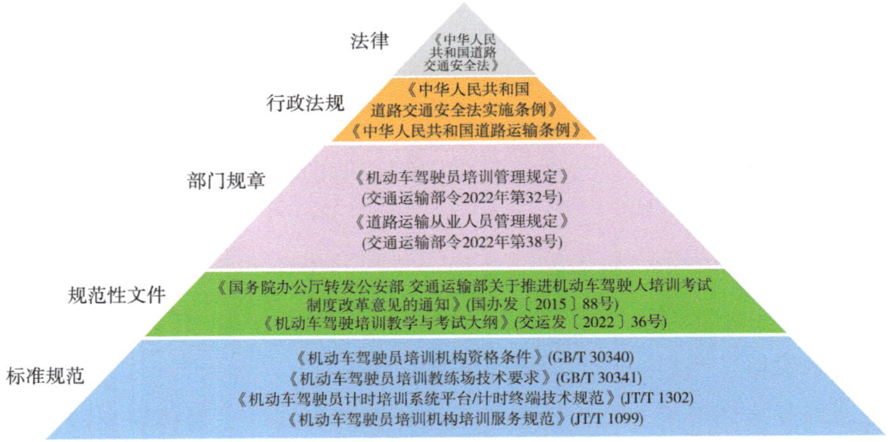

驾驶培训行业管理法规政策体系

二、驾驶培训行业发展存在的问题

如今，驾驶培训行业仍然存在一些问题，如一些驾校经营不规范、教练员教学服务意识和服务能力还有待进一步增强等。行业同仁也普遍达成了共识，即驾驶培训行业现在面临的市场竞争越来越激烈。这种激烈化程度可以通过驾驶培训行业产能利用情况进行分析。

驾驶培训行业产能利用率指的是驾驶培训行业实际培训学员数量与驾驶培训行业理论培训学员数量之间的比值。驾驶培训行业实际培训学员的数量可以通过行业统计数据得到。理论培训学员的数量主要是通过驾驶培训行业教练车保有量以及教练车的日工作时间、工作率等因素进行综合测算得出。经过测算分析，驾驶培训行业在 2011 年的产能利用率为 96.03%，2021 年的产能利用率为 47.41%。这个数据只是估算值，不够准确，主要是用来从宏观层面反映驾驶培训行业市场竞争的激烈程度。

从产能利用率角度看来，行业的市场竞争是非常激烈的。当然，驾驶培训行业面临激烈的市场竞争，对于行业发展并不完全是坏事，有竞争才能促进行业的不断变革创新，进而有新的发展。在面对行业市场竞争的过程中，行业同仁采取何种经营策略去面对竞争，才是制约行业发展最为关键的因素。

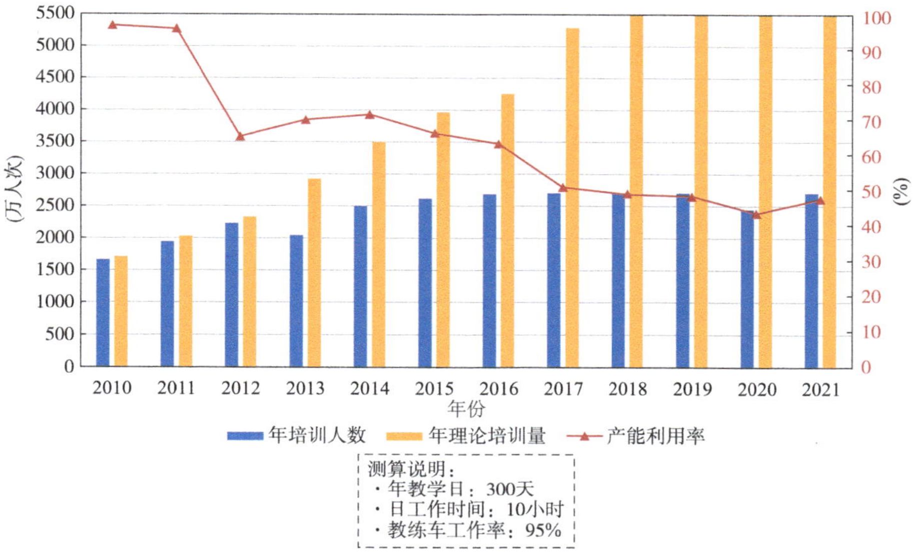

2010—2021 年我国驾驶培训行业产能利用情况

从经济学角度分析，影响驾校经营效益的因素主要有三个：驾校培训收费标准、驾校培训学员数量和驾校单位学员的培训成本。前两个指标与驾校经营效益是正向相关的关系，第三个指标与驾校经营效益是反向相关的关系。进一步来看驾校经营策略问题。当前驾校面临着市场学驾需求减少的问题。很大一部分驾校首先想到采取价格竞争的策略，降低培训收费标准，希望通过低价竞争方式来招收更多的学员。采用这种经营策略，驾校在经营利润空间方面实际上是减少的。在这种情况下，驾校不得不采用应试教学、缩减学员培训学时的方式来提高单车的学员培训量，压减培训成本，从而获取经济收益。但是，这种经营策略实际上是一种降低培训质量求生存的经营策略，这种策略会把整个驾驶培训行业带进一个发展陷阱。这个发展陷阱对驾驶培训行业未来的健康发展具有很强的破坏力。

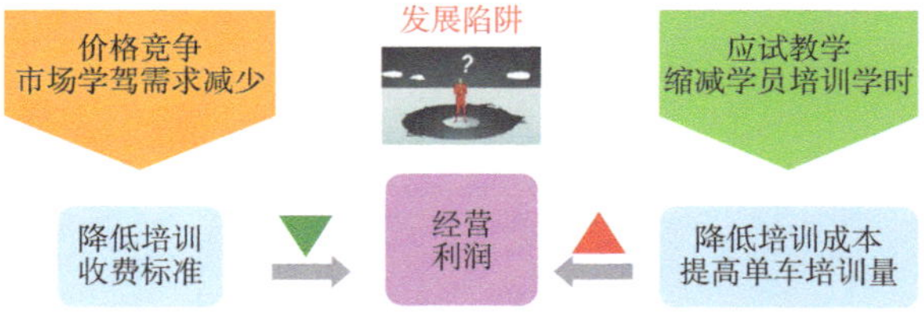

驾驶培训机构经营策略对行业发展的制约影响

因为驾校在面对激烈的市场竞争过程中没有找到有效的发展途径，致使驾驶培训行业当前面临三方面的发展矛盾：一是驾驶培训市场供给和需求之间的矛盾，包括供给和需求总量之间的不平衡，以及供给结构不合理的问题；二是驾驶培训素质教育和应试教学之间的矛盾，即政府部门引导推行驾驶培训素质教育，与企业推行应试教学之间的目标和内容不够统一的矛盾；三是驾校追求经济效益和履行社会责任之间的矛盾。

以上是驾驶培训行业存在的问题及其根源所在。

三、驾驶培训行业发展面临的形势

首先，驾驶培训行业面临的市场需求形势。总体来看，市场学驾需求呈以下几种现象：

第一是看市场增量预期。从我国年出生人口数量进行分析，中国在1992—2002年间每年新出生人口数量保持在1600万～2000万的规模。2002—2012年间，每年新增人口数量保持在1600万左右。根据公安部统计数据，截至2022年，全国汽车驾驶员数量为4.64亿人，意味着在中国还有9亿人不是汽车驾驶员。同时，每年新出生人口数量保持在1600万人的规模。总体来看，驾驶培训行业还是面临着比较稳定的市场增量预期。

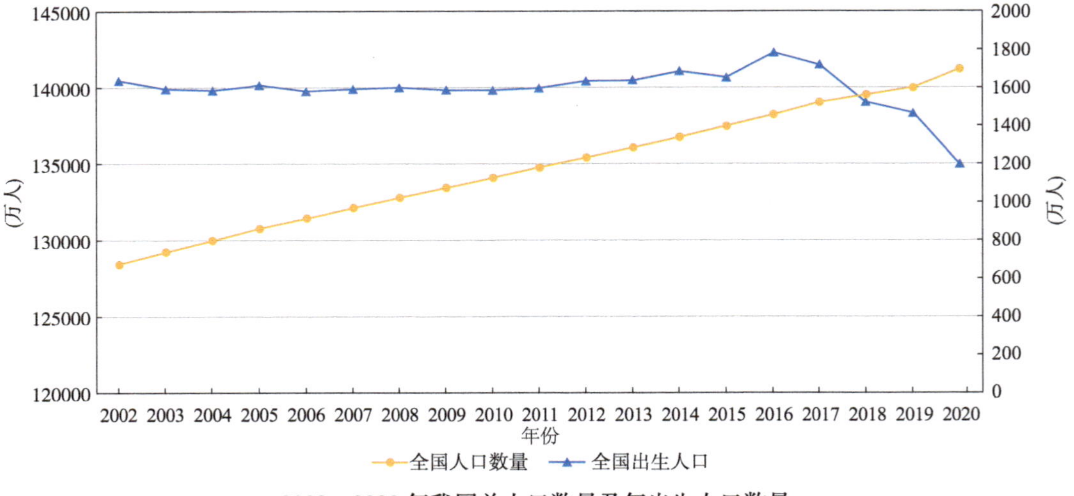

2002—2020年我国总人口数量及年出生人口数量

第二是看公众出行和汽车消费需求变化。在公众出行方面，据统计，全国高速公路出行中，9 座及以下小客车的出行量占比持续增长。2022 年，全国 9 座及以下小客车的出行量达到 171 亿人次，是全国公路客运量的 3.06 倍，小客车出行量非常高。

在汽车产销量方面。中国每年的汽车生产和销售量保持在 2700 万辆的水平。中国的千人汽车保有量也是逐年增长，2021 年达到了 214 辆 / 千人，这意味着每 5 个人就拥有一辆汽车。

在汽车驾驶员渗透率方面。2021 年，汽车驾驶员渗透率为 31.43%，这意味着每 3 个人中就有一名汽车驾驶员。

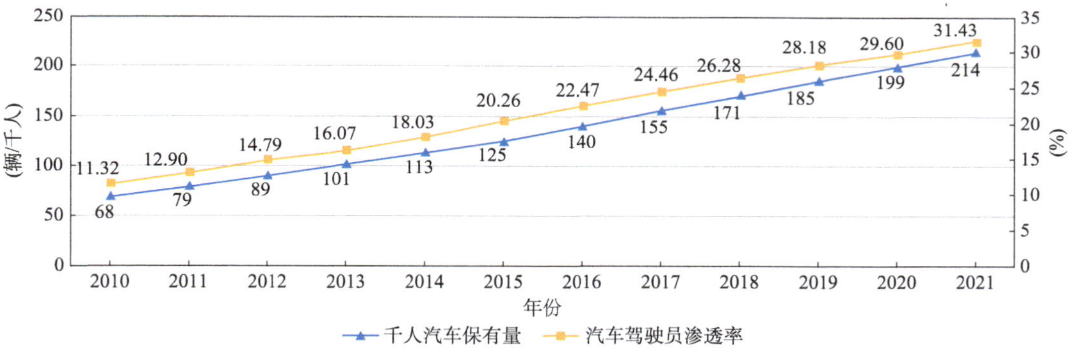

2010—2021 年我国汽车驾驶员渗透率情况

中国是一个发展中国家，相比一些发达国家还有差距。如美国的千人汽车保有量目前是中国的 3.9 倍，日本和德国的千人汽车保有量基本上是中国的 2.8 倍。

因此，从我国市场学驾增量预期，以及公众出行和汽车消费需求的变化来看，驾驶培训行业仍然面临着较好的市场学驾需求，我们有足够的信心保持驾驶培训行业的可持续发展。

其次，是学员结构和学驾需求的变化。从学员年龄分布来看，学员趋向于年轻化。18 ～ 35 岁的学员占比达到了 75%。另一方面，这些年学员的学驾目标也发生了一些变化，其中有 22% 的学员将“尽快取得驾驶证”作为学驾目标；有 73% 的学员希望在驾校参加培训能够学到安全驾驶技能，保证一生的驾驶安全；有 80% 的学员认为驾校按照教学大纲规定的培训内容和学时要求开展培训，是保证学员获得安全驾驶技能的重要因素。因此，学员正在呈现年轻化的趋势，学员多样化、个性化、高品质的学驾需求正在增长，这是学驾需求特征的变化。

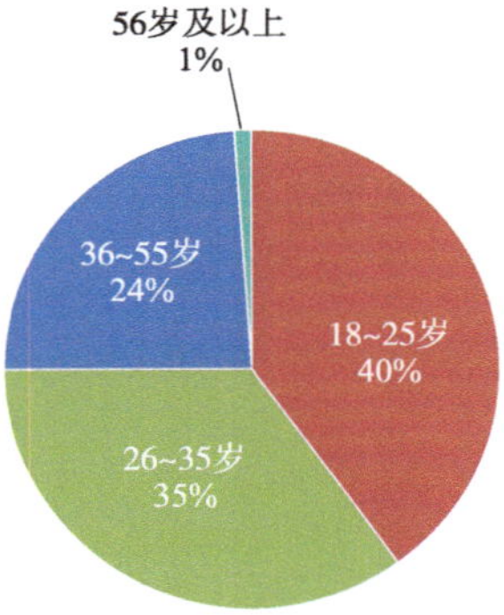

学员的年龄分布情况

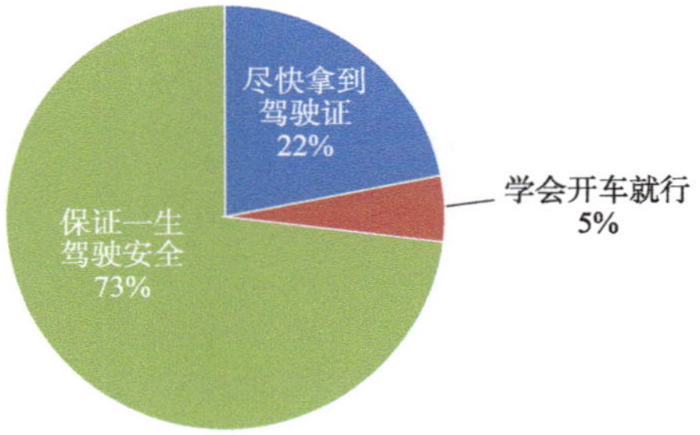

学员对于学驾目标的评价

再次，是行业政策环境的变化。中国政府正在深入推进“放管服”改革，进一步开放驾驶培训市场，给驾校更多的经营自主权，进一步发挥市场在教学资源配置中的决定性作用。相应的，驾驶培训行业需要优化构建新的行业管理模式和法规政策体系，夯实驾驶培训行业推进治理体系和治理能力现代化的法制基础。

此外，在技术创新应用方面，中国政府陆续出台了《交通强国建设纲要》《综合运输服务“十四五”发展规划》等一系列发展战略政策，在这些文件当中明确提出要强化技术创新，增强新一代信息技术在交通运输领域的应用。在交通强国、数字交通、“双碳”发展战略等的引领下，大数据、人工智能、虚拟现实、新能源汽车等技术进步和融合应用，驾驶培训行业迎来了数字化、智能化、低碳化转型升级发展的历史机遇。

四、驾驶培训行业高质量发展目标和路径

我认为，驾驶培训行业未来发展的目标应是以打造人民满意的驾驶培训为中心，形成“以质量品牌引领发展、以技术应用驱动发展、以人员素质支撑发展、以协同共治保障发展”的驾驶培训行业发展新格局，构建“以信用管理为基础、以重点监管为补充”的行业监管体系。

推进驾驶培训行业高质量发展需要 4 个维度的要素支撑：一是以法规政策体系建设作为发展的保障，包括备案管理制度、信用管理制度建设，以及行业规范化教学相关的政策制度建设。二是以人员素质建设作为发展的核心，包括驾校负责人、教练员、结业考核人员等关键岗位人员的素质提升。三是以信息化应用与服务作为发展的手段，通过企业推行信息化应用和服务，通过行业管理部门推行“互联网 +”政务服务、“互联网 +”行业监管，以及推进企业和公众的信息服务，进一步提升行业的信息化应用和水平。四是以行业文化建设作为行业高质量发展的灵魂。包括行业质量文化建设、行业信用文化建设，行业交通安全宣传教育文化发展，以及进一步强化驾校负责人的企业家精神、教练员的工匠精神等方面。

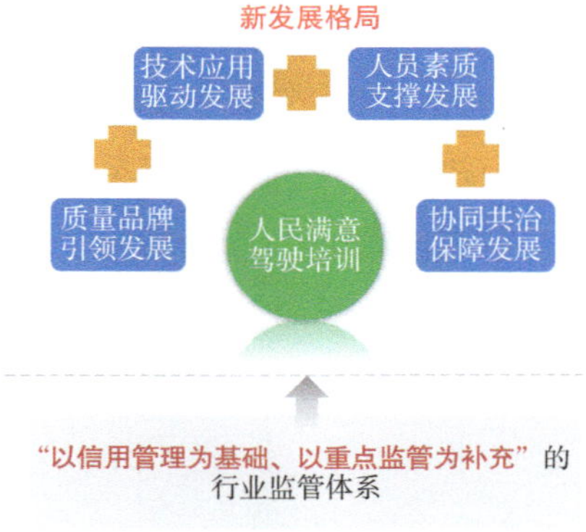

驾驶培训高质量发展目标

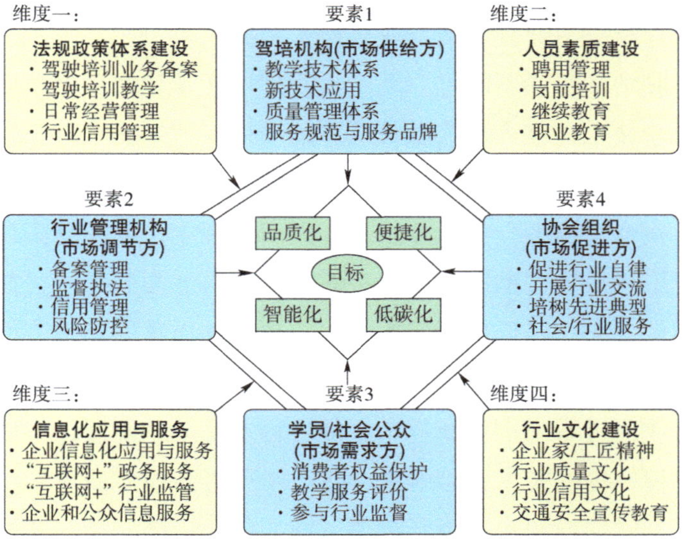

驾驶培训高质量发展框架

驾驶培训行业的高质量发展离不开驾校、社会公众、协会组织、行业管理部门四方的共同努力，驾校是市场供给方，社会公众是市场需求方，协会组织是市场促进方，行业管理部门是市场调节方。

从近期来看，驾驶培训行业高质量发展可以从三个方面着手：

第一是加强驾驶培训教学技术体系建设。驾驶培训教学技术体系是支撑素质教育、促进驾驶培训行业高质量发展的核心。教学技术体系包括纲领性文件——教学大纲、教学计划、培训教材、教学教案、教学设施设备和人力资源等多种因素，各自在驾驶培训行业高质量发展过程中起着不同的作用。

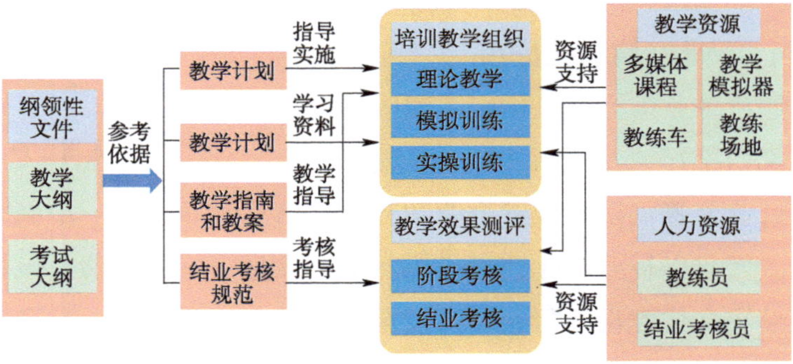

驾驶培训教学技术体系建设

其中，重点介绍一下驾驶培训行业新技术的推广应用。

近几年，驾驶培训行业不断推广网络远程理论教学技术、汽车驾驶培训模拟器和智能化辅助教学技术，推广新能源教练车的应用。这些技术对于行业提升教学效率、方便学员学驾、保障训练安全、行业绿色发展等，起到很大的促进作用。但是需要注意的是，在驾驶培训行业新技术推广应用过程中，要始终围绕教学要求，围绕学员驾驶技能形成规律，围绕新技术在质量、效益方面的平衡。如果过分追求新技术对于提升培训效率、降低培训成本，而弱化培训质量等其他方面，则新技术的推广应用成效就会适得其反。

驾驶培训行业通过不断推广新技术，促进行业高质量发展，可以从两方面开展工作：一是要发挥标准的技术引领作用，进一步引导新技术研发单位强化课程质量意识。近年来，互联网商业模式不断渗透，我们需要谨慎对待一些企业采取平台流量入口竞争的商业模式，鼓励企业采取培训课程质量竞争的商业模式，这是教学新技术推广应用中需要关注的问题。二是要引导质量竞争，其中很重要的因素是建立教学新技术质量跟踪评价机制，这是推动企业质量竞争的有效途径。

第二是积极开展质量管理体系建设。或许一些驾驶培训同仁认为质量管理体系建设会增加经营成本，实际上，质量管理体系建设有利于企业控制经营流程，对防范经营风险也有很好的作用。当前，很多驾校已经具备了一定的规模，经营理念也有了明显的改进，具备了建立完善的质量管理体系的基础，所以，希望驾校能够参照质量管理体系建设有关标准规范的要求，遵循“以顾客为关注焦点”“领导作用”“全员积极参与”“过程方法”“改进”“循证决策”“关系管理”7 项原则，进一步完善驾校的质量管理体系建设。同时，交通运输部门正在组织修订驾驶培训业务条件等标准规范，将为驾校开展质量管理体系建设提供更好的依据。

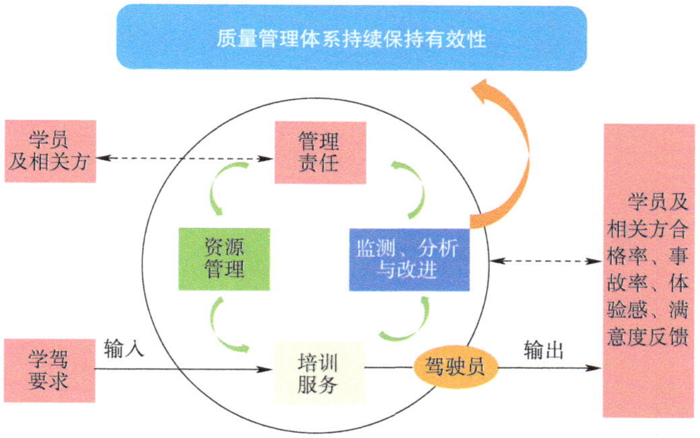

驾驶培训行业质量管理体系建设

第三是强化行业信息化建设。行业信息化是高质量发展的基础，是驾校数字化、智慧化转型的基础，也是行业管理部门推行“互联网 +”监管服务的基础。

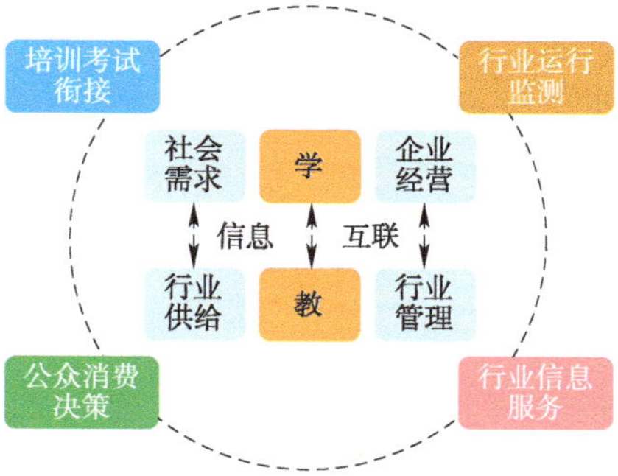

驾驶培训信息化建设目标

在行业信息化建设当中，计时培训系统的建设和应用是重要组成部分。经过十余年的发展，计时培训系统建设取得了一定成果，但仍有很大的提升空间，其中一个很重要的因素是行业对计时培训系统认识上存在误区。很多行业同仁认为，计时培训系统建设成败的重要影响因素是计时培训系统与考试预约系统对接顺利与否。实际上，这只是其中的一个因素而已，计时培训系统还有一个很重要的作用，就是打造行业运行监测与服务平台，通过计时培训系统获取的行业运行数据为行业和社会公众提供权威的信息服务，打通企业和行业管理部门、社会公众之间的数据链，更好地在“社会需求和行业供给”“学与教”“企业经营和行业管理”之间建立起桥梁和纽带，从而让行业运行信息推动公众消费决策，再通过公众消费决策影响和推动驾校走质量发展和品牌化发展的道路。

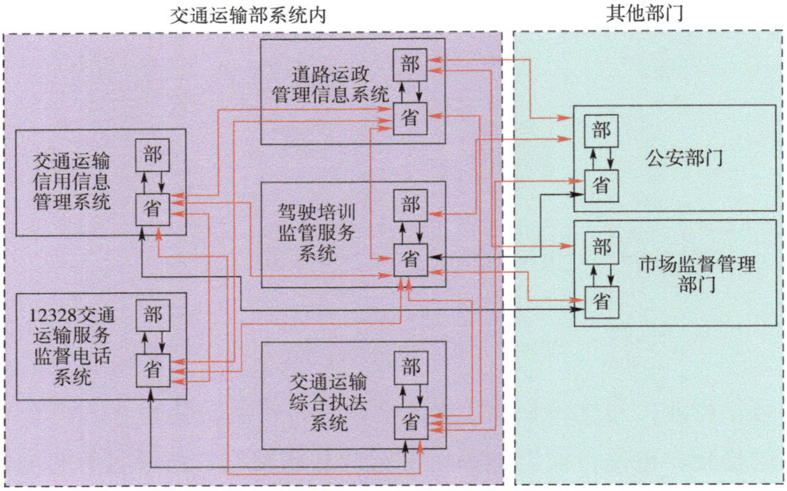

驾驶培训相关信息系统之间的数据互联互通

最后，在驾驶培训行业高质量发展的过程中，驾校要兼顾经济效益和培训质量，把两者放在同等重要的位置，要强化技术创新应用，在提质的基础上实现降本增效。行业管理部门把驾校作为主要监管对象，同时要把社会公众、学员和行业协会作为帮手和助手，在监管企业经营的同时，要为企业破解经营难题提供服务，构建有利于企业优胜劣汰发展的政策环境和市场环境。

第三节　驾校的使命和作用

尾崎保生（日本）
东京尾久驾驶学校校长

尾崎保生先生在演讲

1969—2006年，供职于东京尾久驾驶学校。同时，从事独立行政法人国际协力机构（JICA）、外部交通机关等交通安全教育相关事业。自尾久驾驶学校退休后曾就职于某大型汽车租赁公司。2011年至今，供职于株式会社电脑公司。2016年，就任株式会社电脑公司法人代表、董事长。

摘　要

本文介绍了日本驾驶培训教育的发展沿革，阐述了嘉宾对于驾驶培训教育核心目标的认识，并展望了未来的驾驶培训中需根据个体差异定制有效的教学方法。

一、日本驾驶培训的发展沿革

我是在 1968 年进入我叔叔经营的东京尾久驾校，成为一名教练员，距今已经五十多年了。期间我一直担任技能教练员、科目教练员和考官。在此期间，我也接受了各种公司要求的员工安全培训服务，还对一些已经拥有驾驶证的一线驾驶员进行专业的再教育。当时的驾校仅仅是人们为了考取驾驶证的学校而已，只有一家企业针对已获得驾驶证的驾驶员开办了再教育培训中心。其余驾校是很少涉及这类业务的，他们的教育手段也是相当简单。

为了找到更好的教学方法，我下了很大功夫。当时的日本正处于经济飞速增长的时期，汽车数量迅速增加，在给生活带来便利、让生活更加丰富多彩的同时，也造成了空气污染和交通事故大量增加等突出社会问题。渐渐的，人们开始认识到对驾驶员进行再教育的必要性。在这样的历史背景下，我有幸参与到驾驶员的再教育工作中，也积累了非常多的经验，还从很多前辈那里学到了很多知识和经验，对此我心怀感激。同时，对于从事这项工作我也倍感自豪。

中国的驾驶培训行业从业者同样也在从事一项对中国社会或者中国人民有着重大贡献的工作，我认为这是非常值得自豪的事情。

在日本，曾经因为经济快速增长，污染物排放大量增加，导致河流、海洋等水污染和城市空气污染非常严重。长期的交通拥堵也成为主要的社会问题。从 1970 年开始，日本政府开始着手治理环境，现在城市的河流逐渐变得清澈，东京的空气变得非常干净，这些成果的取得不只是因为颁布了相关法律法规，更是归功于每一位公民的努力。

另外一个问题是与大家都息息相关的交通事故。据统计，在 1970 年，日本有 16765 人死于交通事故，当年甚至产生了一个新的词汇——“交通战争”。从那时起，政府与民间机构一同采取行动，直到 2022 年，日本因交通事故造成的死亡人数已经大幅减少至 2610 人。

综上所述，我认为城市的干净程度和交通事故的减少是有共性的，这个共性就是它们都与人相关。因此，对于人的教育是突出的重点。

二、驾驶培训教育的核心目标

驾驶培训从业者都处于改善道路交通安全环境的重要位置，但更为重要的是，大家都愿意从自身做起，为改善交通安全状况，担负起培养优秀驾驶员的重任。无论汽车技术多么先进，都需要驾驶员具备正确的意识和思维方式来操作车辆，否则汽车的优势是发挥不出来的。因此，更要通过好的驾驶培训教育，才能改变人的思维和行为方式，使其成为一个好的驾驶员。

在此，我想举一个例子来说明问题。日本东京新宿有一条街道上经营着很多娱乐场所，附近非常喧闹，那里聚集了来自世界各地的人们，被称为“24小时不夜城”。我发现，当我早晨上班路过那里的时候，街道已经有人打扫干净，但是到了晚上，又会看到路上都是各种垃圾。这说明，物理环境很难改变的根本原因在于，一旦有人乱扔垃圾，马上就会有其他人效仿。

我在此前的工作中常常接受委托开展驾驶员的交通安全再教育，同时，也会为各种团体提供培训课程。日本政府对发展中国家开展了一系列支援项目，部分国际合作组织也有日本海外合作志愿者团队，这种团队通常有很多青年志愿者，他们在国外经常骑自行车或者是摩托车去开展志愿服务，经常会发生交通事故，甚至危及生命。主要原因在于，他们去开展志愿活动的国家的交通环境和日本完全不同。因此，针对当地的交通环境、交通状况来进行驾驶员培训的需求逐渐增多，这些国际合作组织希望我能将在驾校培训摩托车驾驶员的经验讲授给年轻的志愿者们。我在退休前几年一直从事上述培训工作，这项工作也对我后续开展驾驶员培训和交通安全再教育产生了重要影响，让我认识到培训和教育的区别。

在从事上述工作之前，我为了学员们能获得驾驶证而开展培训，培训的终点是获得驾驶证。但谈到教育，它的终点不是追求每个人的绝对安全，教育是不断变化和发展的事情，它是没有固定形式的。

每个国家都有自己的交通规则，一般来说，基础部分是相通的。即使这样，各国的交通规则也有很大不同，这是由于文化、宗教、环境、历史原因的差异所造成的。尽管在习惯规则之前，每个人都会很正常地对规则感到困惑不解，但处理不同规则的唯一方法就是接受和理解它们。我曾经在一些国家开一个小时的车却几乎没有遇到一辆会车，这时候我认为的规则是只要注意自己不掉进路上的坑，不要开得太快，平稳驾驶就可以了。因为在这样的环境当中驾车，如果你失误了，大多数情况下只会伤到自己。但如果周围还有其他人，开车时就必须顾及这些人，所以最好提前与他人达成约定，这就是规则。规则是对相互安全的承诺，它可以保证自身的权益。规则不是被他人强迫去做的事情，也不是只让一个人服从的事情。认识到这些后，我告诉青年志愿者们，在国外保护自己的唯一方法就是明白应做什么，不应做什么。驾驶时要适应所在国家的文化，不能按照自己的主观意识和想法来驾驶。

接下来我想根据自身经验分享我认为的最实用和有效的教育方法。

许多发展中国家的卫生条件很差，甚至连厕所都没有得到很好的维护。通常政府会认为应该花很多钱来购置新的设施，这样就能够改善人们的生活条件。同样，他们也会思考为汽车配备更多安全设备和改善道路条件，是否就能够从根本上解决交通安全问题。我认为答案是否定的。以厕所为例，无论配备多么新式的厕所设施，其使用者都是人，也是由人来打扫。因此，最重要的还是人们要意识到维护厕所的卫生，如果人的意识没有从根本上得到改变，厕所的卫生环境就永远不会好转。交通安全再教育也是同样的道理，我们要求驾驶员去做一些与实际情况不一致的事情，是达不到培训效果的。教育的重点是告诉这些怀着侥幸心理不遵守规则开车的人，这样开车很危险，不是告诉他这样开车会因为违反规则被处罚，而是因为这样开车可能带来严重的后果。

我在驾校推行的核心理念是，我们制定的培训计划、培训内容要让老驾驶员自主思考为什么做和怎么做，从而使驾驶员自主地规范自己的行为。部分学员在从驾校毕业后专程来感谢我，表示通过驾驶学习，他们的驾驶安全性大大提升，我所教授的知识和理念非常实用。对此，我也获得了很大的成就感，这说明了我们教育理念的正确性。

我认为，我的这种教育理念反映了日本作为一个国土面积狭小的国家，我们在集体生活中不可缺少的公共意识。日本历史上一直具有羞耻心文化，类似中国的俗语——“人在做，天在看”。人们普遍认为，即使没有他人的目光或监督，我们也不应该做任何会让自身或他人感到羞耻的事情。在东亚，一个人行为的好坏往往表现为道德意识问题，人们在日常行为的方方面面经常受道德意识约束，而并非完全靠法律法规约束。我认为这种深层意识应该是世界上各个国家所共有的，但只能够通过教育来唤醒和强化。节制和礼让通常表现出一个国家的教育水平和民族素质。综上，培养道路交通安全意识，特别是新驾驶员的教育，最重要的是对人的教育，换句话说也就是心灵教育和意识教育。因此，肩负这项职责的驾校和教练员就极为重要，我们既有责任也有义务唤醒人们内心中的道路交通安全意识。

三、未来展望

现在，在日本新取得驾驶证的驾驶员中有 97% 的人都参加了驾校的培训。日本自 1960 年起开启了机动化浪潮，当时全国各地开办了 125 所驾校，最多的时候日本的驾校多达 1500 所，每所驾校的业务都非常繁忙。以我为例，我每天要培训 10 名学员，工作 10 小时。现在由于出生率下降等社会环境的变化，每年都有很多驾校关闭。我认为中国未来也可能面临同样的情况。

从日本的驾驶证管理制度来看，驾校不太可能消失。但是随着时代变迁，法律法规和管理制度都会发生变化。这是一个必然规律，我们不可能按照过去的惯例来安排现在的工作和经营。我经常听到有人说，要为了生存而努力适应这个时代的变化，但是我认为，在这个变化的时代，以消极的态度生存是行不通的，维持现状意味着倒退，我们必须要进化、要改善，才能够实现真正的发展。为了实现这个目标，驾校的经营者要思考社会需要什么，教练员也要思考如何顺应社会的变化。我想，这是中国和日本面临的共同问题。因此，今后将会有更多话题值得中日两国的同仁们共同交流和研究。

在我从事教练员这个职业的时代，日本大部分驾校的教学目标仅仅是教会学员驾驶。换句话说，人们普遍认为驾校是学习驾驶技能的地方。然而，伴随着交通事故和交通违法行为的快速增长，人们开始对驾校的社会责任产生了新的思考。驾校的教育理念也随之发生了很大变化，驾校不仅要教会学员驾驶，还要教会学员安全意识，提高驾驶员的安全文明素质。在此期间，驾驶证制度也进行了修订完善。越来越多的驾驶员使用自动挡车辆，自动挡驾驶证随之出现，培训学时、教学科目等也进行了相应的调整。未来，我们将迎来电动车和自动驾驶不断投入应用的时代，这就要求驾校的教练员要不断学习新的知识和技能，驾校面临的挑战不仅仅是培训课程的更新和硬件设施的改善，更为重要的是要提升教练员的整体素质。因此，我认为一所驾校的未来取决于教练员的职业素质，这是驾校经营者必须要重视的问题。

在日本，每个驾校都要对教练员进行培训，这是法规规定的义务。此外，教练员每年还要参加规定时长的法定培训课程和各类资格认证。虽然，对于驾校可能是一个沉重的负担，但是为了提高教学质量，这些义务是必须要履行的。

日本的驾驶证制度中有一个非常独特的情况，在驾驶证考试过程中，管理部门认可并采纳民营驾校组织的结业考试结果。也就是说，一个学员通过了民营驾校举办的结业考试就可以取得驾驶证，无须再参加国家的驾驶证考试。这是日本特有的制度，也是值得民营驾校骄傲的制度，因为如果没有政府和社会对驾校的信任，这样的制度是不可能存在的。自从这个制度实施以来，不仅从未发生过任何违反信用的问题，而且民营驾校教练员的高素质水平和优质的培训内容都保障了该制度的长期稳定执行。

另外，我还想分享一点特别值得日本驾校经营者骄傲的事情。前面提到日本道路交通事故死亡人数多年来不断减少，我认为这在很大程度上可以归功于驾校的努力。驾校高质量的培训以及严格的考试都促使新驾驶员学习掌握良好的交通安全意识和驾驶技能，最终反映在交通事故死亡人数的持续减少上。通过对已取得驾驶证的驾驶员进行再教育，不但能够使交通事故造成的人员伤亡和财产损失大幅减少，还能够使相关保险理赔减少 60% 以上。目前，社会已经认识到对已取得驾驶证的驾驶员进行再教育的必要性，这也为驾校未来的新业务增长带来了可能性，拓宽了驾校的业务领域。但是对已取得驾驶证的驾驶员进行再教育这项业务，其要求是很严格的。对于未取得驾驶证的学员，他们能否通过考试可能是我们对教练员教学质量的评价标准。但是已取得驾驶证的驾驶员具有一定的驾驶经验，他们很快就能判断驾校的课程是否合理和具有深度，教练员教学水平的优劣和教育内容的好坏，如果认为教育方法不严肃，或者内容很空洞并缺乏深度，他们很可能就不会再次选择这所驾校了，学员评价的作用进一步凸显。由此可见，这项业务对于驾校既是机会，也是巨大挑战。

在对已取得驾驶证的驾驶员进行再教育的过程中，驾校收获了更多的社会信任，增强了行业自信。与指导初学学员获得驾驶证业务不同的是，教育成熟的驾驶员要采用更为个性化、更为实际的教学方法。同时，教练员需要不断积累经验，这样也可以促进教练员不断提高业务水平，推动驾校提升整体的培训水平。对持续提升教育技能的追求应该是无止境的，这样可以帮助大家不断发现新的课题，体验收获新知识的喜悦。

二十年前我就曾到访过中国，与那时相比，现在中国驾校在设备设施和管理能力方面的进步都令人惊叹。中国在驾校硬件设备方面比日本先进得多，与保守的日本人相比，我非常佩服中国人的挑战精神和创新精神。在日本，网络课程刚刚开始应用，未来数字化、信息化也会在各个领域逐步应用，新能源汽车和自动驾驶的发展趋势无疑也将对驾驶证制度产生深远影响。但需要注意的是，有些工作是人工智能和机器无法替代的，我们必须要清晰地鉴别出一定要由人来完成的工作。对人工和机器化的区分是未来发展中非常重要的工作。虽然，日本也很重视新技术的应用，但是在驾驶员教育过程中涉及的人的意识、社会文化、驾驶心理等复杂问题，不能简单地通过人工智能系统来判断和评价，需要教练员在现场进行教育和指导，与人工智能进行高效协同。这也对未来教练员的经验和水平提出了更高要求。

在数十年的职业生涯中，我与许多人一起从事了道路交通安全方面的工作，对于这样一份能够为社会带来积极作用的工作，我心中充满感激和自豪。尽管我们来自不同的国家，但我认为，从事驾驶培训在任何国家都应该是一份有意义的工作。成为一名优秀的教练员，需要有丰富的知识和经验，但更为重要的是要有作为教育者的责任意识和社会担当。

第四节　夯实智能驾培基础
赋能交通安全发展

赵晓华（中国）
北京工业大学教授

赵晓华女士在演讲

博士，北京工业大学教授，博士生导师，兼任美国国家交通研究协会（TRB）车辆人为因素委员会委员（ACH30），交通控制设施委员会委员（ACP55），世界交通运输大会（WTC）交通安全与环境学科交通安全分析与改善技术委员会（JT0502）主席，中国道路运输协会机动车驾驶培训分会专家组副组长，北京交通工程学会监事，中国公路学会交通工程与信息化分会理事，中国自动化学会智能座舱委员会会员，《中国公路学报》《交通信息与安全》编委会委员等多个学术团体专家委员会委员，公安部道路交通安全研究中心交通管理专业人才。长期致力于驾驶行为与交通安全、交通信息及控制技术相关研究。先后主要承担项目180余项，包括国家科技支撑计划项目、国家自然科学基金等国家级、省部级项目50余项。荣获包括北京市科学技术奖等省部级及各类协会奖励8项。荣获北京市高等学校教学名师、中国公路建设行业协会科学技术英才、北京市组织部优秀人才、北京市中青年骨干教师等称号。

摘 要

本文详细阐述了基于智能终端的驾校学员培训特征表达，分析基于智能终端的驾校学员培训效果评估情况，并结合研究成果，概述如何应用智能终端帮助驾驶培训企业提升综合效益。

一、研究背景

随着机动车驾驶培训进程的不断发展，信息化和智能化培训成为发展的新趋势，驾驶培训行业高质量发展需要提升驾驶培训整体的数字化水平。其中，有三项重要内容已开始转型，一是目标转向过程。基于大数据进行培训过程的监督和管理，将以“取证”为目的的培训转变为真正具有安全驾驶能力的培训。二是传统转向个性化。早期的驾驶培训以传统模式进行培训，目前多采用由均值驾驶培训转到个性化的素质培养。三是粗放式转向精细化。提升数字化过程中的精细化管理水平，能够提升驾驶培训监管的总体水平，从而为学员的安全培训赋能，实现整个道路交通安全水平的综合提升。

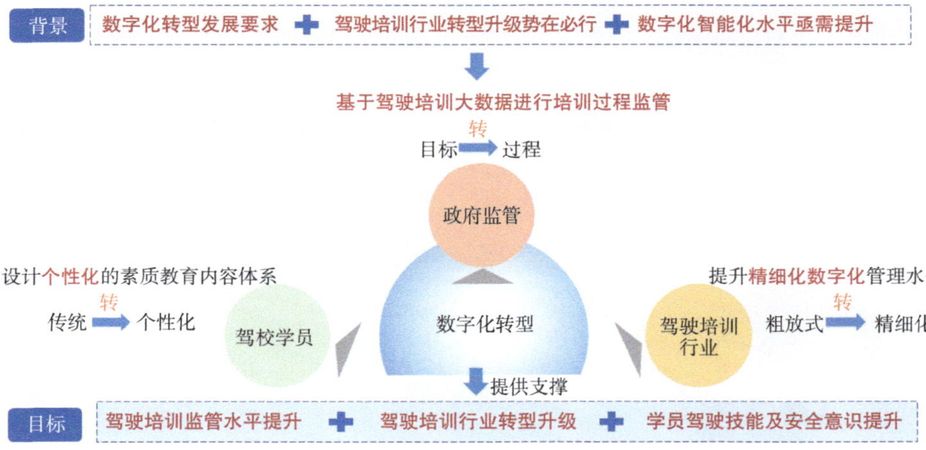

驾驶培训行业数字化转型研究背景

1. 数据平台

数据库中的数据来源于多源数据采集和汇聚，经过数据预处理等过程，最终构建驾驶培训大数据平台。

2. 核心内容

一是特征描述及图谱表达。驾驶员在培训过程中，基于学员的训练轨迹数据和微观驾驶操作数据，最终构建个性化的驾驶员图谱画像；二是培训效果量化评价。主要基于柯氏层次评估模型，针对科目二驾驶技能培训效果和科目三安全意识培训效果进行综合量化评价；三是预测模型搭建解析。基于 XGBoost 方法搭建考试通过预测模型，挖掘影响考试通过的关键特征要素及作用规律。

3. 综合效益测算

由增效、提质、降本、节能四个维度的综合效应，形成面向政府端、驾驶培训企业端和驾驶员端的综合提升。

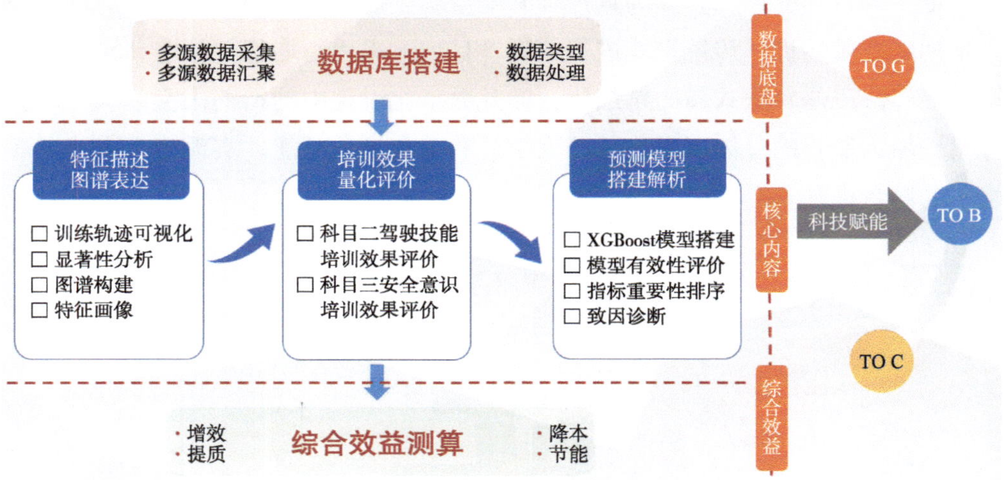

数字驱动驾驶培训的总体思路

二、关键技术

1. 数据库搭建

基于 VR 和实车采集的数据以及汇总的驾驶员主观属性数据，通过数据清洗和数据匹配等进行预处理。此外，基于《机动车驾驶人考试内容和方法》(GA 1026—2022) 进行指标选取和计算，最终形成了包含 VR 培训数据、实车培训数据和管理系统数据的学员训练综合数据库。

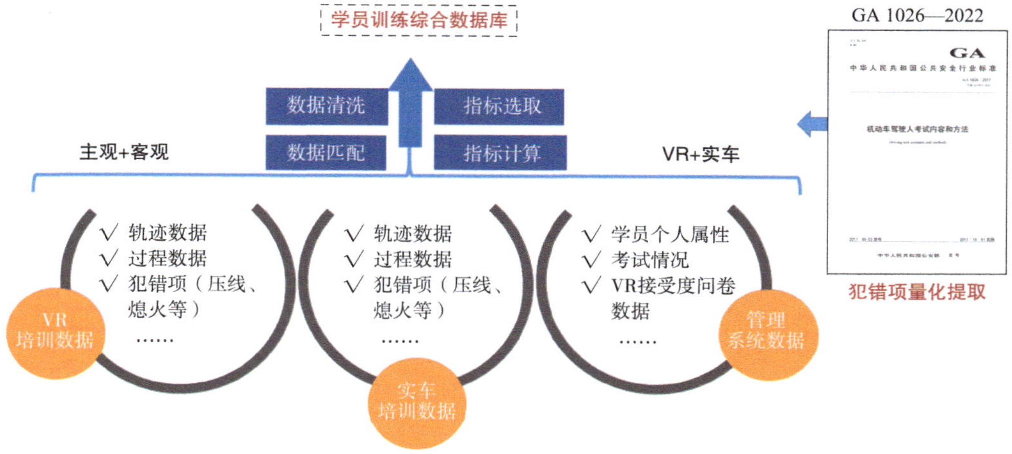

学员训练综合数据库搭建

在数据构建过程中有规范的数据采集标准，一是学员信息库，包含姓名、年龄、学历等个人属性信息，以及学员紧张缓解、培训效果提升、模拟器真实度、安全意识等主观问卷信息；二是学员训练数据库，包括 VR 和实车训练的过程数据和轨迹数据；三是学员考试数据库，主要以学员考试通过情况为主。

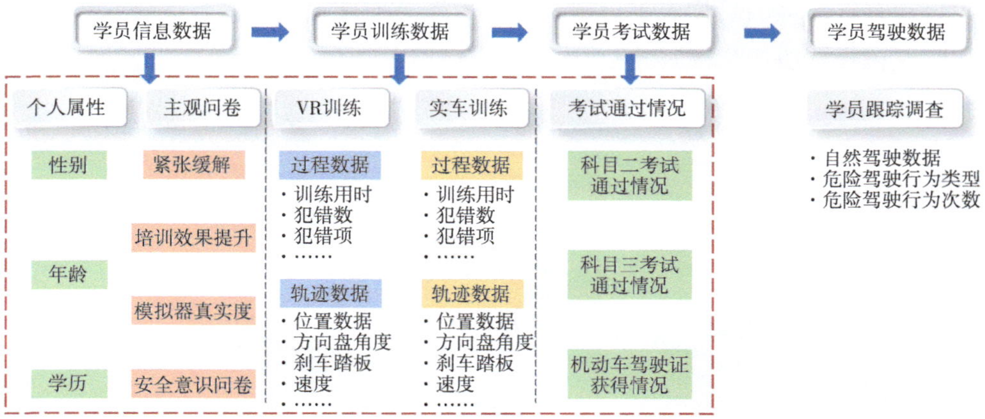

数据采集规范标准

2. 特征描述和图谱表达

基于训练过程的驾驶行为数据，选取横向和纵向控制指标来搭建指标体系，基于图谱方法，构建学员的训练特征画像，实现驾驶行为变化过程的直观表达。

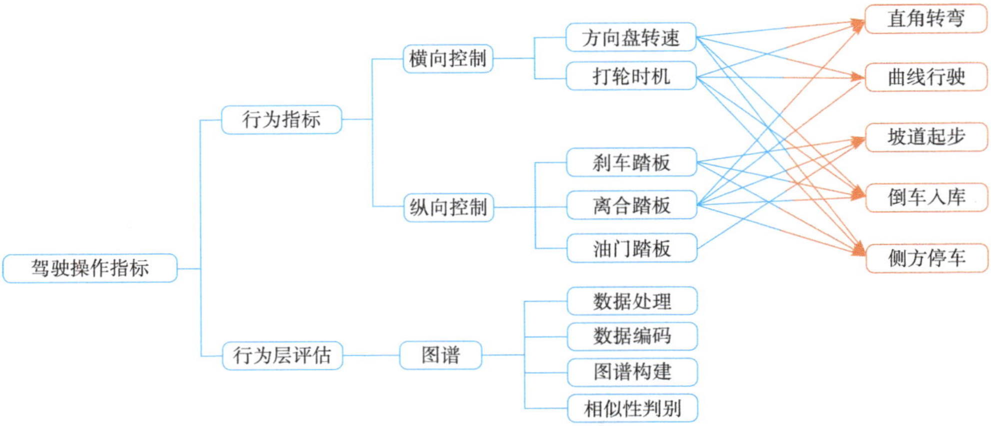

驾驶操作特征指标基本构架

分析不同驾驶员高频不良驾驶行为发生点，利用高频不良驾驶行为进行针对性的培训与教学。对行业管理部门（G 端）来说，一方面可以助力行业管理部门调整培训大纲和要求，推动培训内容和学时向个性化转变；另一方面也可助力行业管理部门形成多维动态的监管模式，避免单一静态管理模式产生的学时造假问题。对驾校（B 端）来说，可以靶向定位训练效果较差的群体、训练项目和驾驶操作，制定差异化和有针对性的培训方案，提升培训效率。对学员（C 端）来说，可以直观了解和掌握自身训练的情况。

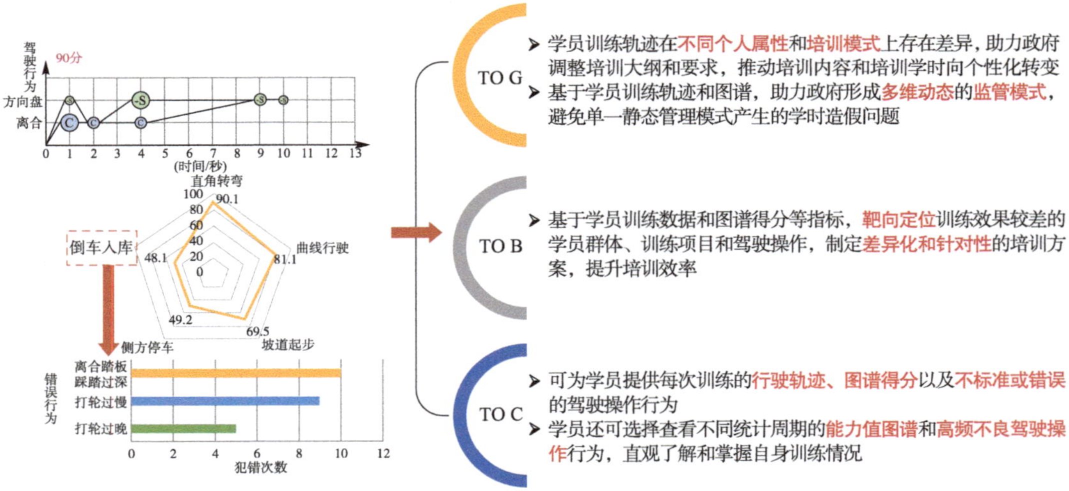

学员训练图谱表达对各应用端的作用

3. 培训效果量化评价

柯氏层次评估模型主要包括四个维度，一是反映层，即感受，是通过对培训效果及有用性的反应，关注的是学员培训的直接感受；二是学习层，即理解，关注学员在培训后对培训内容的理解和掌握程度；三是行为层，即操作，是关注学员经过培训后对自身行为变化及培训中的知识、技巧的运用程度。四是效果层，即成果，是关注培训带来的成效，实现所有驾驶培训过程的定量化评价。

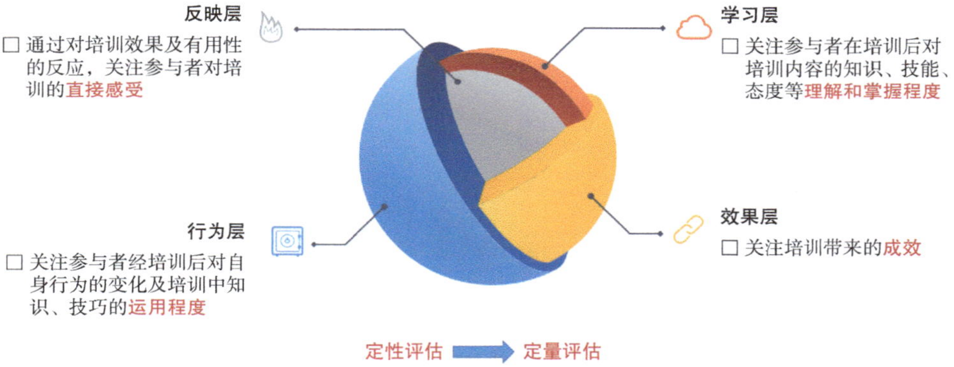

柯氏层次评估模型

通过对各应用端有不同的应用重点，培训效果量化评价可以全面地为整个驾驶培训行业的发展提供有力支撑。对行业管理部门（G 端）来说，可以形成面向学员培训过程和培训效果的综合评价管理办法，提出学员安全意识培养大纲和管理办法。对驾校和企业（B 端）来说，可以为搭建学员训练大数据综合监管平台提供助力，帮助管理层甄选培训模式，优化教学方案，并指导驾校和科技企业开发设计更加全面、深入的安全意识培养课程。对学员（C 端）来说，可以更加直观和深入了解自己的训练过程和训练效果。

4. 预测模型搭建解析

基于学员个人属性、VR 培训指标和实车培训指标，获得包括主观和客观层面的信息，从而搭建考试通过预测模型，并利用 SHAP 等方法量化解析关键特征的重要程度排序和作用规律。

培训效果量化评价对于各应用端的数据参考作用

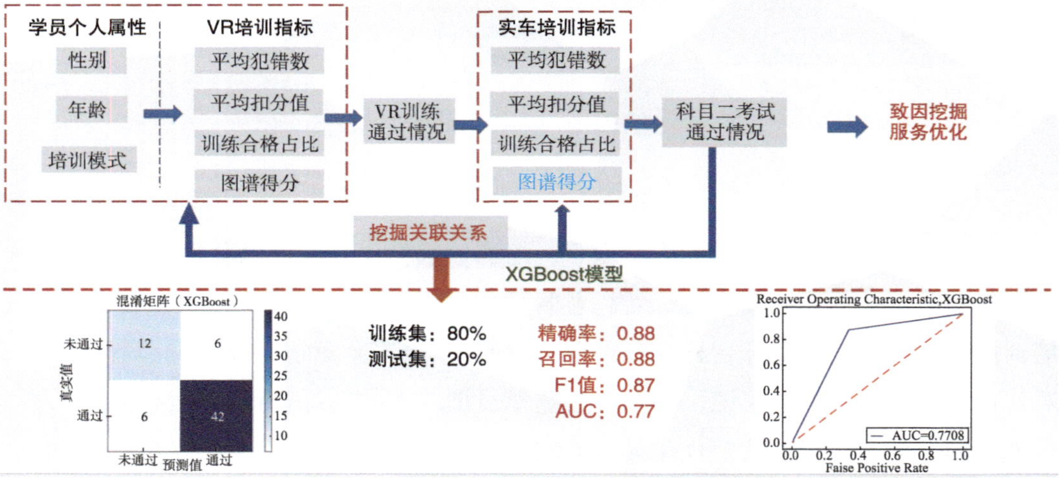

考试通过预测模型搭建

对行业管理部门（G 端）来说，可以助力政府优化培训大纲、考核要求及相关管理办法。对驾校（B 端）来说，可以助力驾校管理层掌握学员考试通过情况，并给出不同学员差异化的考试建议，降低驾校考试成本，优化教学方案。对学员（C 端）来说，可以帮助学员通过手机 App 等媒介获取自身通过科目二考试的概率，帮助其合理安排考试时间，降低考试成本。

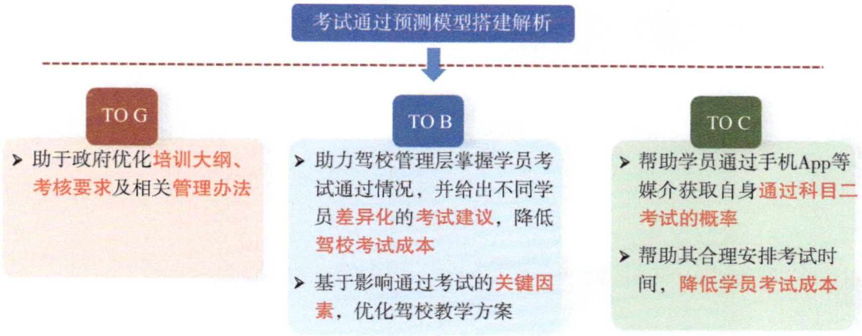

考试通过预测模型对于各应用端的作用

5. 综合效益测算

经综合测算，可以得出三项结论，一是应用智能终端设备培训，试点单位整体上科目二的考试通过率逼近 80%，而且打破了时空限制，提高了训练效率与频次，实现了 24 小时全天候培训。

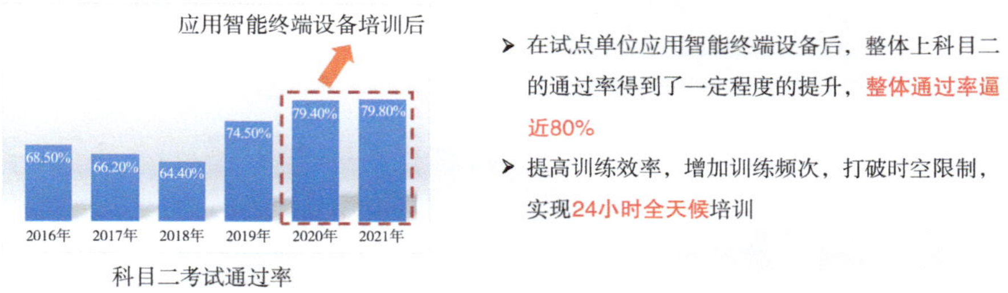

试点单位应用智能终端设备培训后的效果

二是采用虚拟技术和其他技术进行培训，人工成本降低 88% 以上。

三是采用 VR 智能模拟器，可有效降低能耗和排放。据测算，应用 VR 智能模拟器降低的一次能源消耗比例在 50% 左右，降低的碳排放比例在 62% 左右。

通过“数据－特征－评价－预测－测算”技术形成面向 G 端、B 端和 C 端的多维产出，能够提高精细化管理水平，提高驾驶培训总体服务质量，提升驾驶培训的科学性、规范性。对行业管理部门（G 端）来说，可以助力提升监管水平的精细化、过程化，提出更加规范化、科学化的标准规范。对驾校（B 端）来说，可以助力驾校提升管理能力的精细化水平，实现服务品质的差异化。对学员（C 端）来说，可以帮助学员提升驾驶技能、安全意识和学车效率，带来个性化的学车体验。

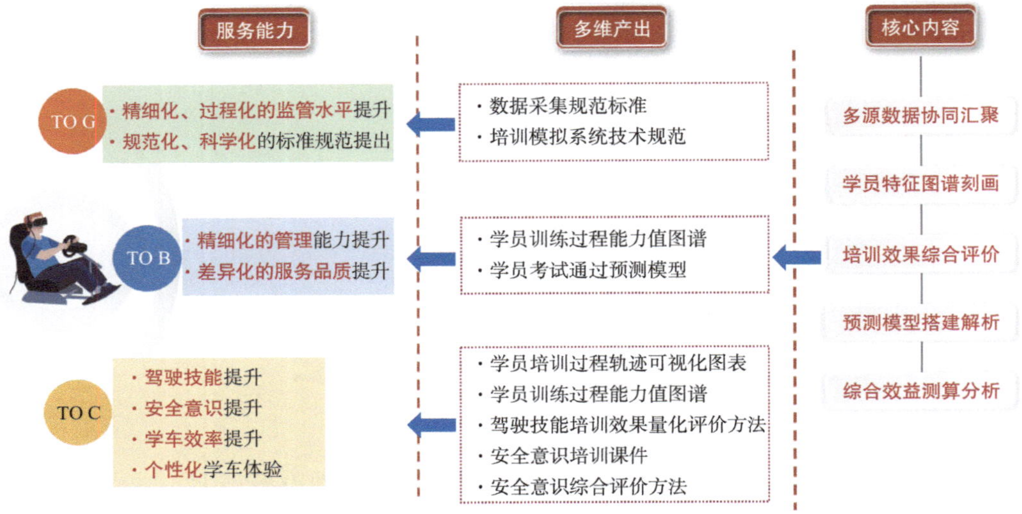

“数据－特征－评价－预测－测算”技术面向各应用端的多维产出

三、理论提炼

基于培训对象（Who）、培训内容（What）、进程控制（When）和培训手段（How）的“3W1H”模式，构筑包含观念文化、行为文化、制度文化和物质文化为一体的“交通安全文化模式”。“3W1H”模式面向中小学生、老年人等多种用户主体，也能满足大客车、大货车、摩托车等多种车型的培训。同时，考虑了不同的培训内容、进程控制和培训手段，从而实现“千人千面”的差异化培训。

“3W1H” 交通安全文化模式

四、拓展研究

拓展研究部分重点关注如何利用虚拟技术等手段提升驾驶培训效果，包括以下七个研究内容：

1. 机动车驾驶员理论考试试题 VR 场景开发

未来，考试系统场景化会提升考试沉浸度，在考试过程中以考代训，提升整个考试过程的总体效果。

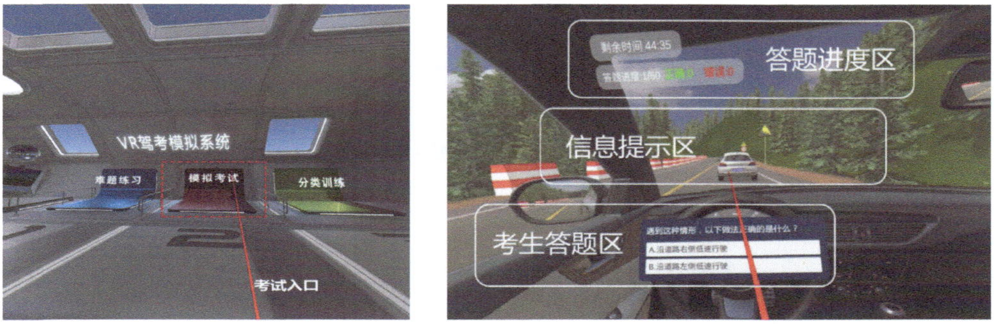

VR 考试系统准备界面　　VR 考试系统答题界面

机动车驾驶员理论考试试题 VR 场景样图

2. 机动车驾驶员风险意识评估训练

机动车驾驶员风险意识识别对于驾驶员的继续教育十分重要。对有关交叉路口、“鬼探头”、山区道路遇对向来车等风险场景的开发，有利于提升驾驶员的安全意识。

机动车驾驶员风险意识评估训练实验 VR 场景

3. 道路运输驾驶员从业资格应用能力考核的场景化评测

主要是面向客车驾驶员在驾驶过程中对于危险源的辨识及防御性驾驶的训练。

危险源辨识与防御性驾驶

驾驶客车在高速公路上行驶时，发现前方路面结冰，正确的做法是：
A.占用应急车道行驶 B.选择低速挡行驶
C.避免急转方向 D.避免紧急制动

场景展示——高速公路

驾驶客车行驶过程中遇到道路拥堵，有车加塞时，正确做法有：
A.加速，减小跟车距离 B.鸣喇叭，不让其加塞
C.保持平和心态 D.注意避让

场景展示——城市道路

道路运输驾驶员从业资格应用能力考核系统场景

4. 桥梁路段预警防控指标测评

在主动防控预警研究中，采用 Unity 引擎研发桥梁路段的风险场景，能够更好地分析桥梁路段主动预警防控效果，同时，实现对驾驶员在雾天时正确使用雾灯进行宣教。

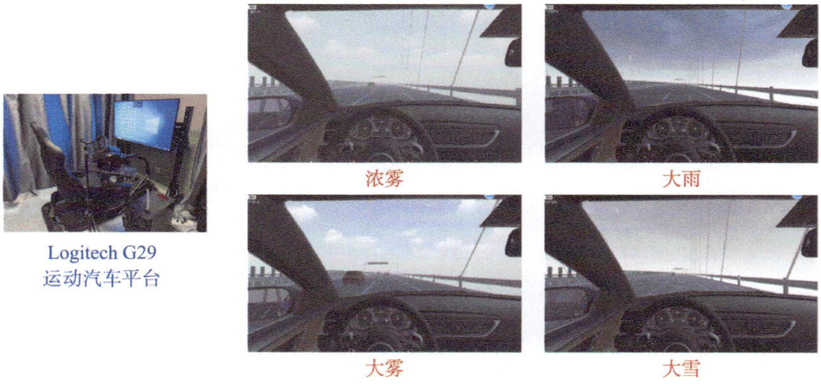

桥梁路段预警防控指标测评场景

5. 少年儿童道路交通安全文明教育

过去对于少年儿童道路交通安全教育以宣传绘本为主，现阶段可以利用 3D 和

Unity 系统形成沉浸式教育模式。

沉浸式教育在少年儿童道路交通安全文明教育的应用场景

6. 驾校新学员 3D 驾驶培训

此项内容采用了 Unity 和手机终端联动，通过手机实现“游戏化”宣教，实现全民道路交通安全宣传教育。

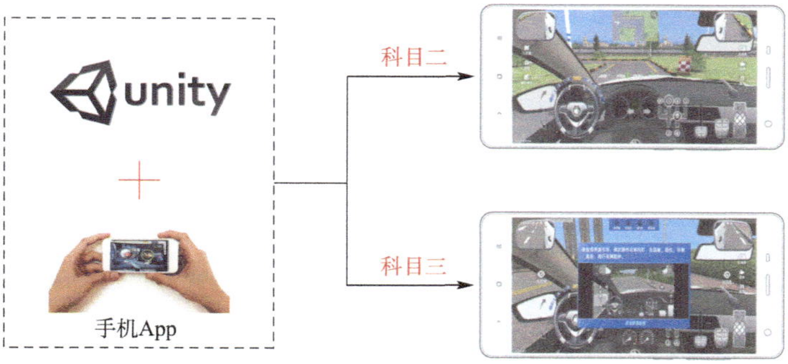

驾校新学员 3D 驾驶培训场景设计

7. L3 自动驾驶安全员监管行为培训

采用驾驶模拟技术数字化教学，通过对自动驾驶参数调整，实现驾驶过程的接管。

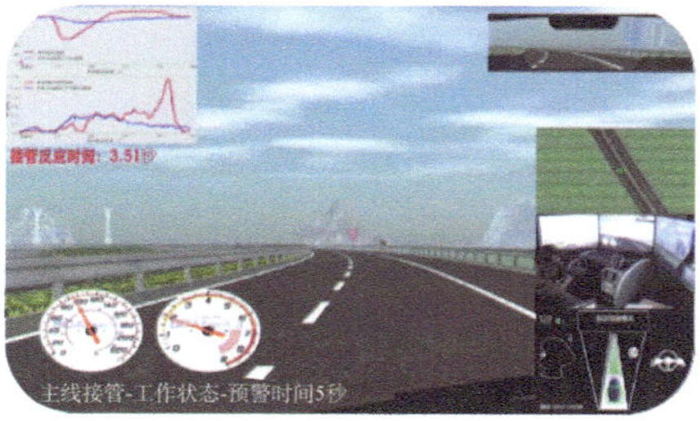

接管事件组合：主线接管–工作状态–预警时间5秒

接管事件组合：团雾接管–工作状态–预警时间10秒

L3 自动驾驶安全员接管行为培训场景设计

五、展望未来

未来，驾驶培训发展研究将着力推动驾驶培训全面数字化升级，进一步实现全过程数字化，打造“千人千面”的个性化培训教学，助力驾驶培训行业科技发展和数字赋能，实现驾驶培训过程数据及驾驶行为数据的量化评价。更加注重驾驶安全意识的培养，基于道路交通安全意识养成进行科学研究，系统地构建学员训练大数据综合监管平台，在数字时代实现驾驶培训行业的现代化。

第五节 加强顶层设计 迎接智驾时代

潘汉中（中国）
公安部交通管理科学研究所副所长

潘汉中先生在演讲

研究员，一级技术警监，现任公安部交通管理科学研究所副所长、全国道路交通管理标准化技术委员会秘书长、公安部道路交通事故鉴定中心主任、道路交通安全公安部重点实验室负责人。同济大学兼职教授、东南大学校外导师。国家科学技术进步二等奖获得者。享受国务院特殊津贴。长期从事交通安全管理、驾驶人考试及教育管理、智能交通、车辆安全管理、交通安全产品及自动驾驶汽车测试等技术与政策研究、开发，主持完成《高速公路空地一体化交通行为监测与信息化执法技术及装备研发》等10多项国家及部省科研课题，主持或组织编制《机动车驾驶人考试场地及其设施设置规范》（GA 1029）等20多项国家及行业标准，主持完成《世界银行贷款石家庄城市交通项目可行性研究》等30多项咨询项目，发表《我国机动车驾驶人考试管理技术发展与素质提升展望》等20多篇学术论文及论著。

摘　要

在国家对智能汽车、车路协同等新技术的强力支持下，中国将进入机器驾驶和人工驾驶共存的交通新时代。一系列的事故表明，需要重构人、车、路的协同环境，进一步提高驾驶人素质。本文将从国家政策、技术实现、行业发展等多方面提出个人建议。

一、行业发展背景

驾驶人队伍发展的基础包括经济基础、道路建设条件、汽车工业发展。据测算，通常在人均 GDP 达到 1000 美元时，汽车开始逐步进入家庭。2003 年，我国人均 GDP 达到 1200 美元，这是我国小汽车进入家庭的时代背景。进入新时代后，中国式现代化离不开道路交通高质量发展，而道路交通高质量发展则离不开高素质的驾驶人队伍。

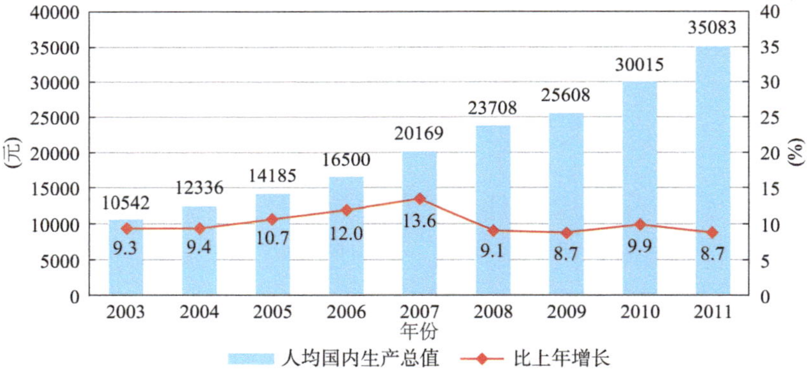

2003—2011 年全国人均国内生产总值及其增长速度

我国在“十五”中明确提出“鼓励轿车进入家庭”。2012 年我国实施《节能与新能源汽车产业发展规划（2012—2020 年）》（国发〔2012〕22 号）；2017 年工业和信息化部、发展和改革委员会、科技部联合发布《汽车产业中长期发展规划》的通知（工信部联装〔2017〕53 号）；2020 年国务院办公厅印发《新能源汽车产业发展规划（2021—2035 年）的通知》（国办发〔2020〕39 号）；2020 年 2 月 24 日，国家发展和改革委员会、工业和信息化部、科技部等 11 个部委联合印发《智能汽车创新发展战略》的通知（发改产业〔2020〕202 号），以上文件均旨在推动我国汽车向智能化、电动化、网联化发展。

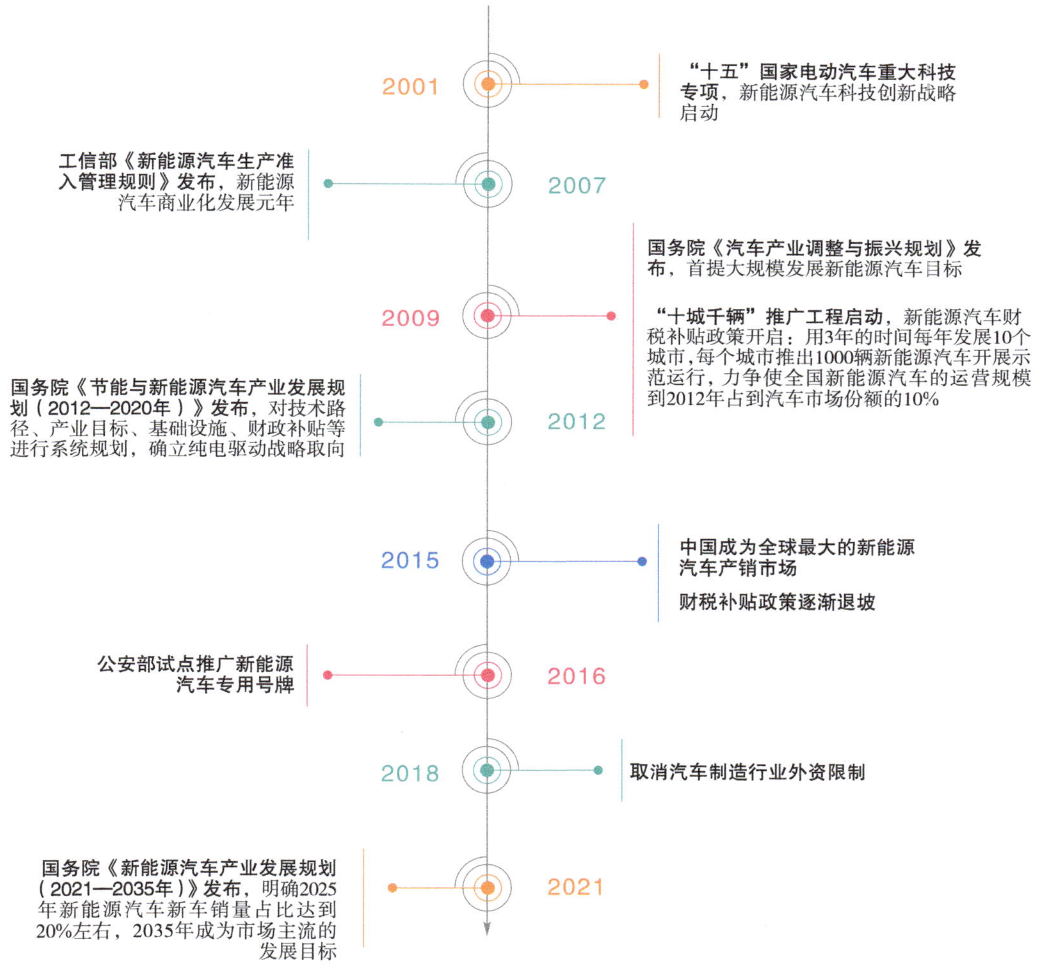

2001—2021 年国家鼓励汽车产业发展相关政策文件

基于国家政策的推动，我国汽车工业迅猛发展，汽车保有量快速增长。2011 年我国汽车数量达到 1.06 亿，进入第一个 1 亿阶段用时 34 年；2017 年，我国汽车数量达到 2.17 亿，进入第二个 1 亿阶段用时 6 年；2021 年，我国汽车数量达到 3.02 亿，实现第三个 1 亿仅用了 4 年时间。

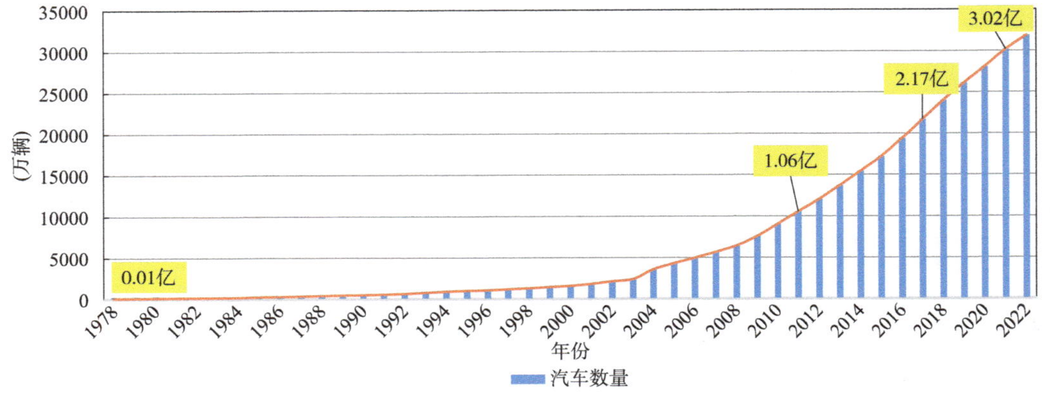

1978—2022 年全国汽车保有量

回顾我国道路发展历程，“要想富、先修路”的思想广泛深入人心。这是从中央政府到地方重视交通基础建设的主要成就。据资料显示，2022 年我国公路通车里程为 535.48 万公里，其中高速公路里程为 17.73 万公里，位居世界第一。但是，我国 70% 以上的道路还属于四级以下，与发达国家相比还有较大差距。

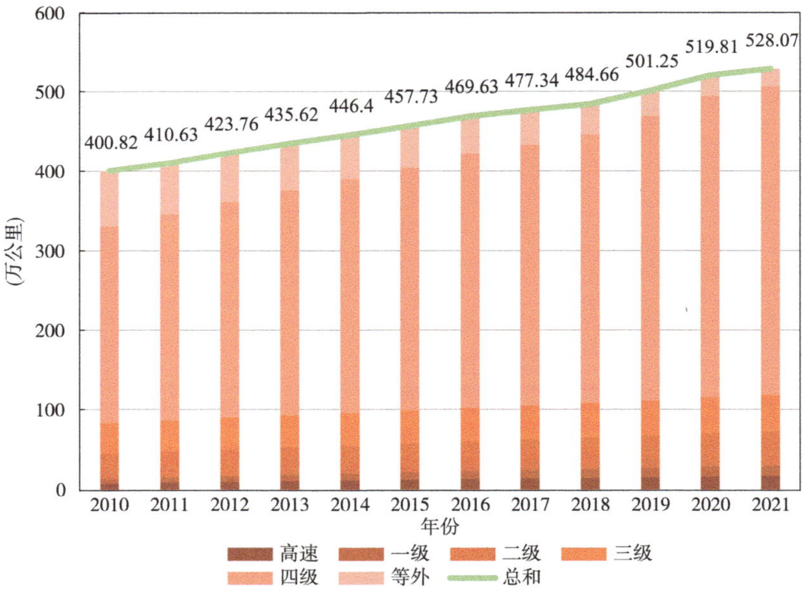

2010—2021 年我国公路里程变化情况

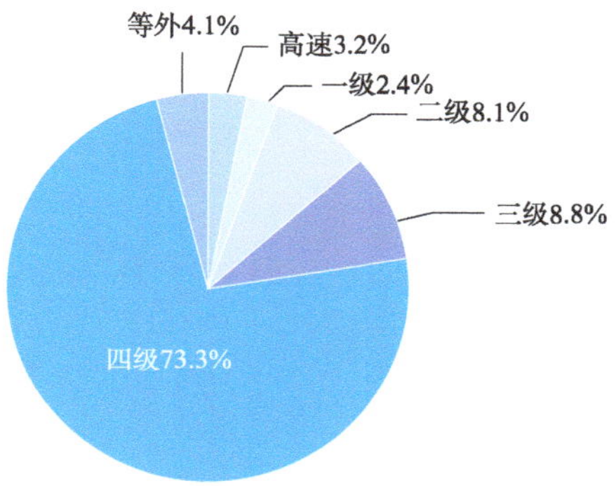

2021 年末我国公路里程分技术等级构成

2019 年 9 月中共中央、国务院印发《交通强国建设纲要》，从中央层面要求到 2035 年基本建成交通强国。其内容主要包括：一是基础设施布局完善、立体互联；二是交通装备先进适用、完备可控；三是运输服务便捷舒适、经济高效；四是科技创新富有活力、智慧引领；五是安全保障完善可靠、反应快速；六是绿色发展节约集约、低碳环保；七是开放合作面向全球、互利共赢；八是人才队伍精良专业、创新奉献；九是完善治理体系，提升治理能力。其中，特别提到了要培育交通文明，全方位提升交通参与者文明素养。值得一提的是，驾驶培训行业发展的基础就是国家对汽车产业、道路交通基础设施建设以及经济快速发展的重视。

机动车驾驶人的培训、考试管理由交通运输部和公安部协同负责。2022 年 9 月交通运输部印发《机动车驾驶员培训管理规定》(交通运输部令 2022 年第 32 号)，该规定在 2006—2022 年几经修订，旨在推动驾驶培训行业的规范发展。

公安部通过部令形式加强驾驶人考试和管理要求，2022 年 4 月，公安部发布《机动车驾驶证申领和使用规定》（公安部令第 162 号），规定了驾驶人考试和管理要求。此部令经历了第 91 号令、第 111 号令、第 123 号令、第 139 号令等几个阶段，旨在通过考试引导普通驾驶人和职业驾驶员素质提升。在考试内容方面，从注重技能和车辆结构要求，逐渐向技能和安全素质提升方面转变。同时，基于部令也制定了一系列标准，进一步明确了机动车驾驶人考试方面相关要求。截至 2022 年底，我国机动车驾驶人数量实现跨越式增长，已经超过了 5 亿，占人口总量的 35%，实现了驾驶人数量发展上的“中国速度”。

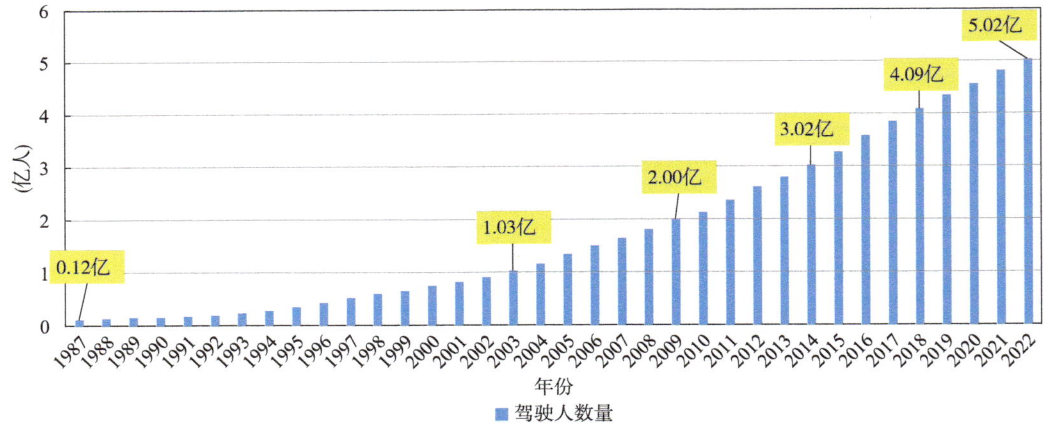

2010—2022 年我国机动车驾驶人数量变化情况

二、行业面临的挑战及机遇

挑战 1：驾驶人真的是造成交通事故的主要原因吗?

90% 的交通事故是由驾驶人的因素造成的，但其实道路及其环境因素占比也不低。作为从事与道路交通安全事业相关的从业者来说，应该积极研究如何降低因驾驶人造成的交通事故。

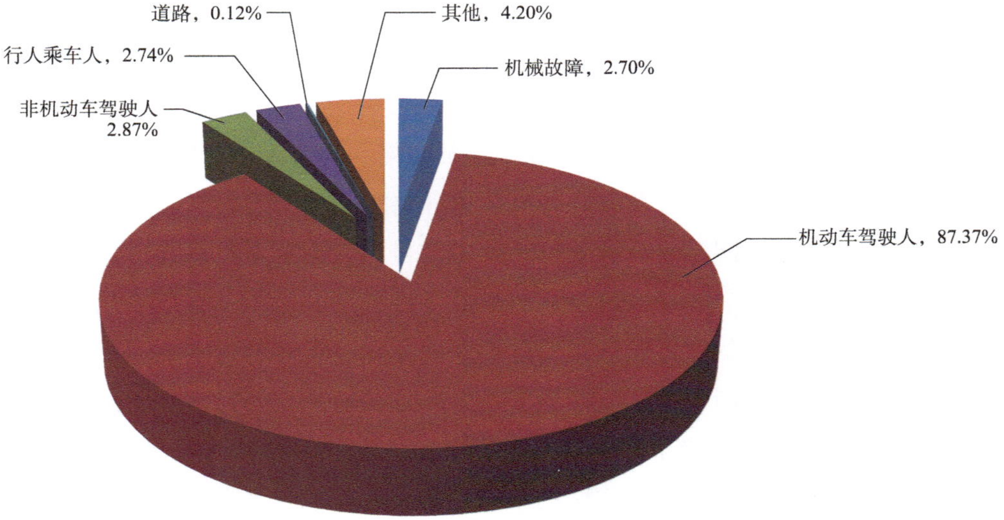

我国道路交通事故主要原因分布

挑战2：驾驶人数量是否已到达“天花板”？

数据显示，截至2022年12月底，我国机动车驾驶人数量为5.02亿人，比2021年增加了2064万人（扣除注销量），其中汽车驾驶人为4.64亿人（占成年人数量的一半），比2021年增加了2055万人（+4.6%）；新领证驾驶人数量为2923万人，比2021年减少了496万人（−14.5%）。据相关专家预计，驾驶证渗透率在60%～70%是驾驶人数量的“天花板”，而我国驾驶证渗透率只有35%，按目前的发展趋势，驾驶人队伍还处在快速增长区间。

挑战3：驾校竞争严重，负面新闻多。

驾驶培训市场开放程度高，产能过剩，市场供大于求的情况比较普遍。驾驶培训行业在规范经营、培训主责主业上问题较多，存在管理乱、规模小、应试教学严重等重点问题亟待解决。

挑战与机遇并存，驾驶培训行业也面临着很多机遇，科技发展为驾驶培训行业带来了新的思路。

机遇1：机器驾驶人永远代替不了人类驾驶人。

从马斯洛需求层次理论来看，除了对生活安全的需要以外，尊重和自我价值的实现也包括了对驾驶技能的刚性需求。一方面是发达地区的人们为了满足其社交属性，对好车、豪车的需求往往比普通城市多；另一方面是摩托车培训和考试需求量增长，证明了机器驾驶人可能永远代替不了人类驾驶人。

机遇2：技术进步使驾驶更容易。

汽车技术在不断发展，大多数人在开车时选择驾驶自动挡汽车，这使开车变得更加容易，汽车工业的进步也会促进驾驶人队伍发展。

20世纪90年代驾驶考试场景

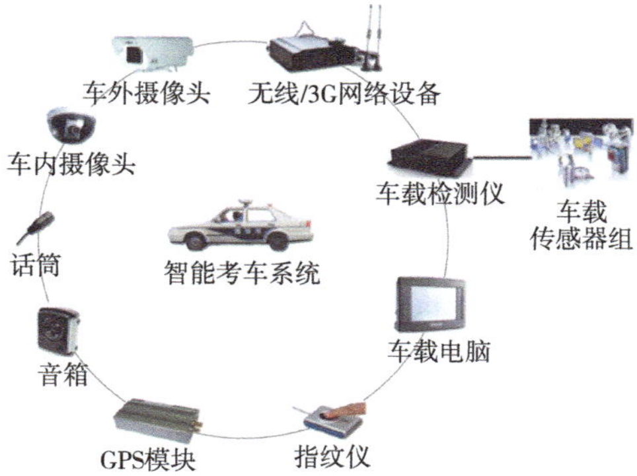

现代驾驶考试系统构成

机遇 3：驾驶人需要终生教育。

2022 年，国务院安委会办公室关于印发《“十四五”全国道路交通安全规划》的通知（安委办〔2022〕8 号）要求，建立交通安全信息综合服务平台，提供驾驶人全生命周期、全分类群体、全出行场景的交通安全知识服务。政策要求会给驾校拓展服务领域提供很多便利，一方面推动各级政府与驾驶培训企业等单位建立交通安全教育联盟体系；另一方面推动完善一批集学习、培训、教育、实践、服务为一体的交通安全宣传教育实践平台，进一步提升驾驶人安全文明意识。

三、顶层设计推动高质量发展的思考

1. 国家将更重视驾驶培训行业，重视驾驶人培训事业

其内容有三：一是驾驶培训行业属于半公益事业，涉及公共安全，建议国家加大对机动车驾驶培训与考试方面的重视与投入，推动整个行业发展。二是建议完善驾驶人机理、驾驶人行为等科研项目，并升级为国家级研究项目，组织专业团队进行国家级项目课题研究。三是建议研究制定更准确、更容易理解的通用规则，有利于驾驶人（机器驾驶人）理解，并保持一致。

2. 优化驾驶培训大纲，丰富考试内容

一是用好驾驶培训教材，推动理论培训方式创新应用，强化驾驶人安全知识、规则意识、风险辨识能力培养。二是主动适应人口老龄化、车辆智能化等社会发展需求，丰富车辆新技术、驾驶新要求等考核内容。三是优化驾驶人考试内容与方法，完善面向规则意识培育的驾驶人考试机制。

3. 建设数字化考场和训练场

一是推动考场、训练场地的数字化。2023 年 2 月 27 日，中共中央、国务院印发《数字中国建设整体布局规划》，提出建设数字中国是数字时代推进中国式现代化的重要引擎。通过数字化培训可以使驾驶人得到针对性的继续教育，并享受终身教育计划，实现终身管理。二是建立数字化的考场与驾校训练场共用机制。《智能网联汽车道路测试与示范应用管理规范（试行）》于 2021 年 9 月起实施，下一步可以探索将高标准的驾校训练场纳入其中。这将有利于驾驶人、机器驾驶人提前交流和接触。三是全面提升训练考试装备。探索 VR、人工智能等新技术在驾驶考试管理中

的应用。除应用人工智能以外，探索教练车、考试车全面智能化，不断调整管理模式和机制，在驾驶技能学习过程中注重人的驾驶意识习惯养成，最终实现在教练车上就能完成考试内容，达到考试要求。

4. 驾校要像学校

强化驾驶培训机构落实教学基础设施设备、培训学时内容等要求；强化驾驶培训与考试的信息共享；实行严重交通事故驾驶人考试发证责任倒查机制。同时，要根据法律、法规、部门规章及标准的修订及时更新教学内容，及时传递知识。

驾驶人是整个道路交通系统运行中最为重要的一个环节，驾驶培训所教授的侧重点已经不单单是驾驶技能，而是文明素养和对交通规则的共识共融。机动车驾驶培训和考试承担着守护道路交通安全的重要责任，驾驶培训机构作为培养新驾驶人的摇篮，责任更加重大。希望通过驾驶培训行业从业者的共同努力，凝聚共识，努力培养合格的驾驶人，为中国式现代化贡献力量。

第六节　机动车驾驶人管理政策演变与探讨

巩建国（中国）
公安部道路交通安全研究中心驾驶人安全研究部负责人

巩建国先生在演讲

公安部道路交通安全研究中心驾驶人安全研究部负责人，副研究员。长期从事道路交通安全、交通管理政策、驾驶人安全管理等方面研究，牵头完成《机动车驾驶证申领和使用规定》（中华人民共和国公安部令第162号）《机动车驾驶证业务工作规范》等驾驶人管理部门规章规范及机动车驾驶人考试组织管理等相关行业标准，支撑近年来一系列公安交管“放管服”改革有关驾驶人管理政策论证实施，承担或主要参与10余项国家、省部级课题研究，出版专著1部，发表论文20余篇，在道路通行管理、驾驶人管理方面积累了丰富的理论和实践经验。

摘　要

本文系统分析了驾驶人管理的执法、服务、技术等多重属性，回顾《机动车驾驶证申领和使用规定》历次修改内容与特征，挖掘驾驶人管理政策，特别是驾驶人考试管理的演变机理。充分结合我国机动化、城镇化等发展趋势，围绕安全驾驶能力提升的核心要素，探讨驾驶人管理的主要政策方向、主要方法与关键技术。

一、新时代驾驶人管理工作主要形势

从驾驶人驾车面临的外部要素和内部特性，以及驾驶人乃至其他交通参与者自身需要角度进行分析。

（一）外部要素特征

1. 车辆性能

一是高度机动化。随着居民收入水平持续增长，群众购车能力大幅提升，汽车迅速走进普通家庭。群众交通出行方式逐渐从非机动车转变为机动车、从摩托车转变为汽车。截至2022年，全国机动车保有量达4.17亿辆，其中汽车3.19亿辆，我国机动车和汽车保有量均居世界第一。从人均水平来看，我国汽车千人保有量达到213辆，每百户家庭汽车保有量为60辆，而10年前这两项指标的数据仅为67.8辆／千人和20辆／百户。我国机动车进程仍有较长的时间和较大的纵深，正处于高度机动化的进程中，并将走向深度机动化的状态。驾驶人所面临的驾驶任务不仅仅是简单在路上开车而已，而是要与更加复杂的交通流交互，与更多车辆交互，这对驾驶人的驾驶任务要求越来越高。

二是车辆智能化。在新一轮科技革命蓬勃发展的背景下，人工智能、云计算、5G等新兴信息通信技术与汽车、交通产业跨界融合日益加深，汽车智能化、网联化程度越来越高，高级辅助驾驶功能逐渐成为新车型的常规配置，人机交互驾驶更加普遍。其中，具备智能驾驶功能的车系占比达到了86.42%。与此同时，电动汽车产业发展迅速，全国纯电动汽车保有量突破1000万辆。但目前驾驶培训仍然普遍使用传统车辆开展培训，因驾驶人不会操作辅助驾驶功能或不懂新能源车驾驶特性导致的碰撞、燃烧事故日益增多，成为交通安全管理新的风险。

三是隐患多样化。老年代步车、大吨小标车、超标电动车等低质交通工具长期存在，并严重侵扰正常的交通秩序。此类车型“驾驶人”大部分属于无证群体或者准驾车型不符群体，对交通安全知识、交通工具特性掌握知之甚少，交通安全风险持续扩大。

我国驾驶人所面临的车辆性能方面的外部要素

2. 道路及环境方面

一是路网通达性提升与风险隐患路段并存。截至 2022 年底，全国公路通车里程达 535 万公里，其中高速公路 17.7 万公里，城市道路总里程约 50 万公里，面积约 100 亿平方米。路网通达性水平也大幅提升，公路网密度达到 55.01 公里／百平方公里，城市道路人均面积超过 18 平方米。城乡路网规模和通达性水平不断提高，极大便利了群众驾车出行。但受制于我国地理因素等条件限制，道路设施条件与机动化程度不相适应的情形依然存在，农村道路、急弯陡坡、山地丘陵等路段交通安全风险隐患依然突出。

二是复杂自然条件与交通安全风险叠加。我国幅员辽阔，各类气候条件多变，自然环境十分复杂。大风沙尘、雨雾冰雪等恶劣天气，会导致驾驶人视线受阻、道路湿滑、车辆制动距离延长等情况，严重影响安全驾驶。复杂的自然条件对驾驶人的安全操作和应对环境驾驶能力，提出了更高的要求。

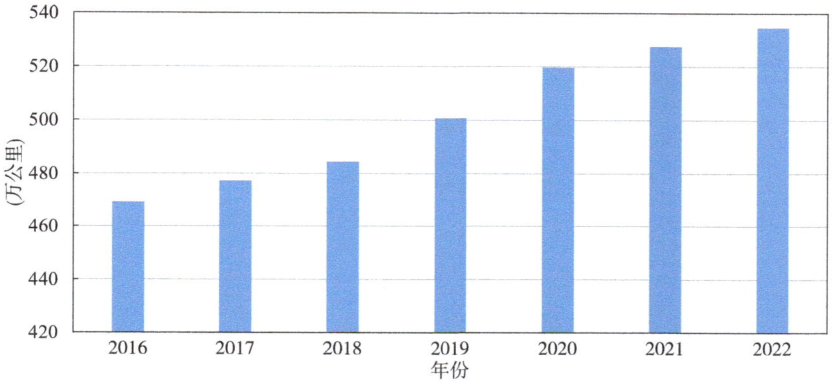

2016—2022 年全国公路总里程

我国驾驶人驾车面临复杂的道路自然条件

三是智能网联汽车与传统汽车通行交织。随着自动驾驶技术的快速发展，目前我国已有 30 余个城市开放智能网联汽车测试 1.3 万余公里，自动驾驶逐渐融入道路交通体系。人类驾驶车辆与智能网联汽车安全共行成为新的研究课题。

我国在部分地区开放智能网联汽车道路测试

（二）驾驶人自身因素

一是增长稳速化。自 2016 年以来，驾驶人年增量由最高的 3300 万人降低到 2500 万人，增速明显放缓。

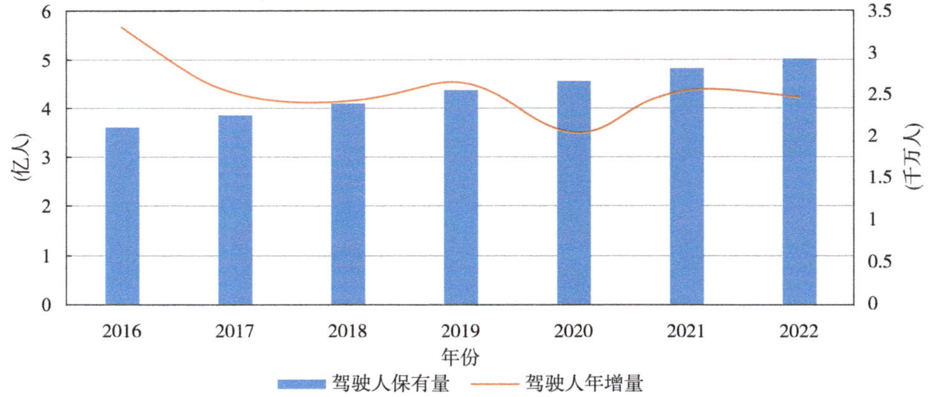

2016—2022 年我国驾驶人保有量及年增量变化情况

二是新手低龄化。随着群众考试领证需求的日益高涨，学员普遍选择成年即考证的模式，新驾驶人的平均年龄逐渐降低。据统计，60% 以上的新驾驶人属于“90 后”“00 后”群体。

三是结构老龄化。我国正在迈入老龄化社会，驾驶人群体的老龄化程度也在逐步加深。目前，全国共有 60 周岁以上驾驶人 1800 多万人，近 5 年年均增量 150 万人，增幅高达 13%，是同期驾驶人增幅比例的 2 倍。驾驶人群体的新老两极分化也衍生了诸多交通安全问题，新驾驶人操作不当导致的侧翻、碰撞事故频频发生，老年驾驶人交通事故多发高发，总体交通事故致死率、致伤率是全体驾驶人的 2 ～ 3 倍，交通安全风险明显增大。为此，我们在应对老龄化方面也做了比较多的研究工作。

（三）驾驶人管理服务情况

一是新驾驶人交通事故肇事率降低与总体安全感不足并存。近年来，新驾驶人交通安全水平总体呈现向好态势，万名驾驶人事故率和万名驾驶人肇事死亡率出现了明显下降趋势，交通事故占比由 10% 以上降低到了 4% 以内，交通事故肇事率显著下降。总体看来，驾驶人整体素质都在提升，新驾驶人提升幅度略高于全体驾驶人，这也是我们多年来在驾驶培训与考试领域努力的成效。但与此同时，我国道路交通事故成因中驾驶人的因素仍然是主要因素，长期以来占比超过 80%，交通违法则是绝对主导。

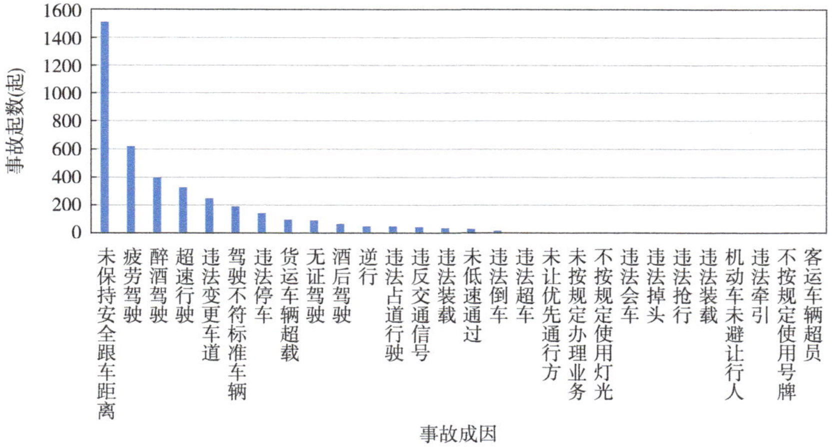

驾驶人事故成因分布情况

二是便民服务效能提升与品质服务不足依然并立。驾驶证既是对驾驶人驾驶能力管理的载体，也是行政服务的载体。公安交管部门坚持以人民为中心，认真贯彻落实党中央、国务院“放管服”改革部署，陆续推出 87 项交管改革措施，推行驾驶人业务一证办、异地办、就近办、网上办，切实便利了群众考试领证，减轻了群众经济和时间负担。但改革不平衡、不充分的情况依然存在，仍然存在一些不能满足人民群众实际需求的地方，这要求我们的改革步伐还需要进一步加快。

二、新征程驾驶人管理工作战略图景与目标

党的二十大报告指出，“从现在起，中国共产党的中心任务就是团结带领全国各族人民全面建成社会主义现代化强国、实现第二个百年奋斗目标，以中国式现代化全面推进中华民族伟大复兴。”[1]新征程上，驾驶人管理工作要紧紧围绕公安交管工作现代化的方向，紧盯中国式现代化的重要指引，进一步明确工作愿景与目标，设计科学发展路径。

（一）驾管工作现代化的战略图景

党的二十大报告深刻指出了中国式现代化的内涵要义，也为公安交管工作现代化，特别是驾驶人管理工作现代化提供了遵循指引。

驾驶人管理工作现代化的图景构想，既要考量驾驶人作为交通系统要素的主体特征，也要抓住驾驶人作为社会经济运行重要构成的外延展现；既要紧紧服务于公安交管工作现代化，更要密切遵循于中国式现代化。

据此，驾驶人管理工作现代化的图景，主要在于以下几个方面：其一，是驾驶人数量规模巨大的现代化。尽管我国驾驶人数量已经达到 5 亿人，但只占总人口比例的近三分之一，与西方已经实现现代化的发达国家目前 60% ～ 70% 的人口占比仍有较大差距；在车辆方面，与发达国家目前 500 ～ 800 辆／千人的平均水平也有较大距离。随着共同富裕的目标实现，机动化水平也将向“家家有车、人人有证”迈进，届时驾驶人、机动车数量规模将十分巨大，也决定了我国驾驶人管理工作无参照可循，必须走独立自主的现代化之路。其二，是城乡融合、新老并重的现代化。未来，驾驶人增长和管理的重心，逐渐由城市向农村转移，由东部向中西部地区转移，乡村振兴带动了农村地区机动化发展，也将刺激驾驶人数量增长，由新驾驶人增长向老驾驶人存量扩大为主。因此，驾驶人管理工作的现代化，必须统筹好城乡发展特点，抓住驾驶人增长的群体中心，协同推进不同群体安全管理和服务保障，提升驾驶人管理的能力水平。其三，是统筹保障安全高效、服务经济社会发展的现代化。驾驶人管理工作现代化，不仅在于提高驾驶人自身安全驾驶技能，提高道路交通安全水平，维护经济社会稳定运行；也在于强化驾驶人文明素养，提高驾驶人作为社

[1] 引用自《人民日报》（2022年10月26日01版）。

会人群的道德水平，提高道路交通与社会生产生活、自然环境的协同水平，推进物质文明与精神文明协调共进，助力人与自然和谐共生；还在于以普惠均衡、便捷高效、智能精准的管理服务，便利群众办事创业，优化营商环境，激发企业群众创造力，服务经济社会发展。其四，是驾管工作治理体系和治理能力协同的现代化。驾驶人管理工作现代化，既体现在驾驶人要素发展上，对驾驶人本身和运行管理进行整体把握，注重从源头、系统、综合、科学等方面进行全方位的治理，形成完善的治理体系和治理模式；也体现在驾驶人管理工作的促进，运用现代治理理念、方法、手段，破解驾驶人管理服务难题，切实提升驾管工作的社会化、法治化、智能化、专业化水平。

总体而言，驾驶人管理工作现代化，表现在以上四个层面，呈现以下五个特征。一是“家家有车、人人有证”，满足群众驾车出行基本需要；二是便捷高效、优质体验，符合人民群众对美好生活需要的新期待；三是遵守规则、依法办事，推进物质文明与精神文明协调，保障基本出行安全；四是尊重自然、敬畏生命，契合人与自然和谐共生的内在要求；五是和平共处、增进交流，驾驶人群体作为一个社会主体，是中外交往交流的重要力量，为促进世界和平与发展提供了重要助力，这是我们近几年在推动中国驾驶人国际化、提高中国驾驶证含金量所提出的重要方向。

驾驶人管理工作现代化的特征

（二）驾管工作现代化的主要目标设计

1. 高素质群体

驾驶人管理工作的现代化，就是要致力于培养安全文明高素质群体，不仅具备基础安全驾驶操作能力，也要掌握遵守基本道路通行规则，更要养成礼让谦逊的文明美德；不仅懂驾车技术，也要懂法律法规，更要懂安全文化。驾驶人培养，要把驾驶人养成从持证“合法”到上路“合规”的驾驶人，再到驾车“合格”，体现“人格、品格”。

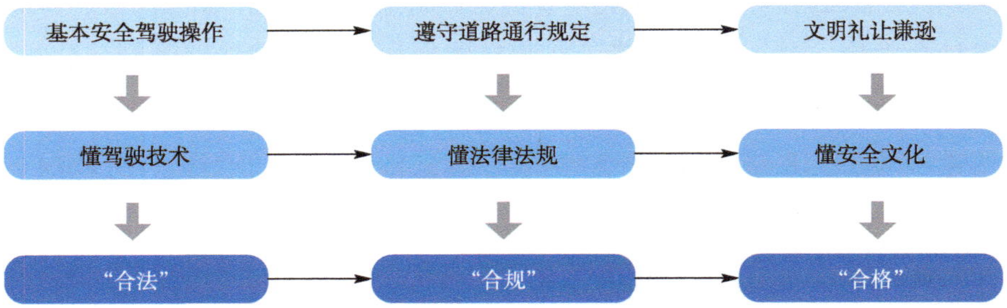

驾驶人管理工作现代化培养高素质群体的目标设计

2. 高品质服务

驾驶证业务是交管部门办理的最多、最广的业务之一，其办理服务水平直接影响着驾驶人群体的感知感受，也影响着相关经济社会主体的运行。高品质服务，就是要面向驾驶人群体提供统一、规范、标准的办事规则、流程，确保每一笔业务办理都能感受到公平公正；就是要推进交管服务网点布局优化、流程简化，实现驾驶证业务一证办、全国办，确保群众都能感受到便捷高效；就是要拥抱新技术新手段，减少时间、经济负担，增强体验感，确保群众都能感受到优质优品；就是要以高水平服务促进各类生产生活要素高效流动，统筹推进城乡融合、区域互动、乡村振兴，服务经济社会高质量发展。

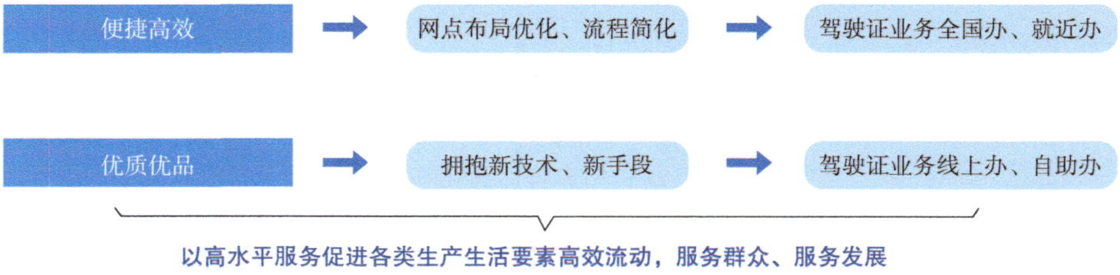

驾驶人管理工作现代化提供高品质服务的目标设计

3. 高水平治理

驾驶人管理工作现代化的治理目标，要聚焦驾管工作治理能力和治理体系现代化，推进构建制度完善、责权清晰、社会协同的治理体系，提升交管部门运用法治、共治、智治手段的能力水平，切实保障驾驶人管理高水平运行。在治理体系方面，要强化驾驶人管理主体责任，突出政府部门、行业企业、社会单位多元协同，政府要管理、企业要尽责、社会要关注。在治理能力方面，要深度融合法治思维、系统思维，充分运用新技术、新手段，推进驾驶人素质能力提升和管理服务水平，推进驾驶人管理迈向法治化、社会化、智能化、专业化的更高水平。

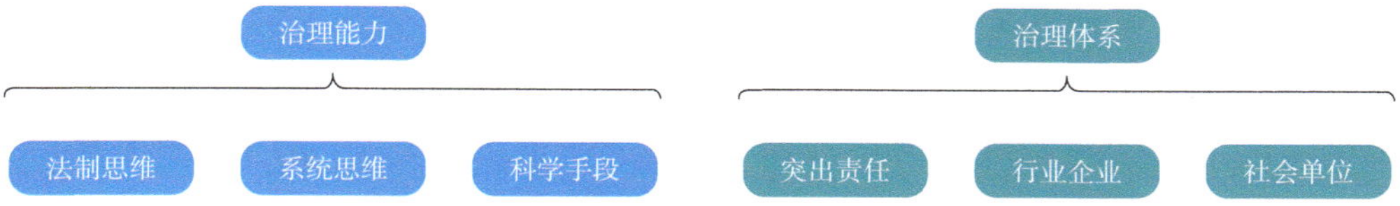

驾驶人管理工作现代化实现高水平治理的目标设计

三、新阶段驾驶人管理工作高质量发展路径

实现高质量发展是中国式现代化的本质要求之一。同理，驾驶人管理的高质量发展，也是驾驶人管理工作现代化的必然要求。总体而言，可以概括为“一二三四”，即“一个目标、二对关系、三个维度、四条路径”，一个目标即全面推进实现驾驶人管理工作现代化，核心是推进驾驶人本身素质的现代化。

（一）统筹两对关系

一是统筹存量和增量的关系。这是针对驾驶人自身发展而言。随着驾驶人总量的不断增长，存量空间持续膨胀，近几年交通环境变化越来越大，标准体系、法律体系修改频繁，老驾驶人对新道路交通法律法规、标志标线、信号都认知不足，驾驶人管理工作重心要从以往的培训考试准入逐步转移到路面执法、继续教育等方面，强化存量人员的安全驾驶能力提升。同时，也要注重增量的持续输入，包括新增人员输入，也包含从存量空间转为增量的部分，在培训考试方面推进革命性的变革，以应对高度机动化、车辆智能化、环境复杂化等发展特点。

二是统筹安全与发展的关系。这是针对驾驶人管理与交通系统、经济社会的关系层面。随着道路交通安全形势演变、群众对美好生活的需要增强，驾驶人管理不仅要突出安全本质，也要注重便民利企、服务发展。要坚持生命至上，在驾驶人准入退出方面强化“严”的主基调，把好源头准入关。要坚持人民至上，在驾驶证业务办理方面强化“简”的主旋律，提升服务效能。

（二）围绕三个维度

聚焦驾管工作现代化的三个目标，需要将驾驶人管理高质量发展要求贯穿于三个维度，即驾驶人的全生命周期、全分类群体、全应用场景。

一是全生命周期。即驾驶人从报名学车、培训考试、领证实习到审验教育、满分教育、注销资格的全过程。驾驶人管理工作，既要强化各环节中关于驾驶人安全驾驶能力、文明素养提升，切实培养高素质群体；也要强化各链条关于驾驶人业务办理简化优化、效能提升，切实提供高品质服务。围绕此要求，必须坚持系统思维、法治理念，充分运用各类法律法规、技术工具等方法，进行全过程监督、全环节服务，切实推进高水平治理。

二是全分类群体。前期我们已经在驾驶证申领和使用规定里面逐渐把职业驾驶人和私家车驾驶人群体进行了分类，未来要逐步根据不同年龄、不同性别、不同准驾车型、不同职业、境内境外等角度划分驾驶人群体，充分运用政府治理、企业管理、社会参与等多元力量和机制，有针对性地开展驾驶人能力养成和驾驶业务服务，打造高素质群体，提供高品质服务，推进高水平治理。

三是全应用场景。即面向高速公路、国省干道、普通公路、城市道路、农村道路、复杂场景等驾驶人的出行场景，以及交管服务大厅、社会代办网点、线上服务平台等业务办理场景，夯实驾驶人驾车出行和业务办理素质基础，提高驾驶人安全文明驾驶水平、交管服务管理水平，提升驾驶人管理的系统性、综合性。

（三）瞄准四条路径

1. 法治化——树立规矩、依法治理

驾驶人管理工作的法治化，其主要目的在于为驾驶人管理工作提供法治指引，为驾驶人根植法治意识，全面推进科学立法、规范执法、公正司法、全民守法，确保驾驶人管理工作在法治的轨道上运行。具体内容包括：一是完善驾驶人管理的法治体系。建立并不断完善以《中华人民共和国道路交通安全法》及其实施条例为指引，以《机动车驾驶证申领和使用规定》为核心，以《机动车驾驶证业务工作规范》《机动车驾驶人考试内容与方法》等规范标准为支撑的法律规章体系，以驾驶证或临时驾驶许可为载体，规范和引导驾驶人管理工作以及驾驶人素质养成。聚焦驾驶人全生命周期，针对不同群体在驾驶证申请、培训考试、审验记分、注销等环节分类管

理，适应车辆智能化、人口老龄化的发展趋势，不断优化完善法规细节，完善驾驶人准入退出机制，切实提升制度对交通安全的基础保障作用。二是强化驾驶人管理的执法作用。取得驾驶证之后，驾驶人的很多安全知识是靠违法成本和事故成本学到的，因此，要通过加强驾驶人考试、驾驶证业务办理、路面交通管控等过程中的执法管理，严格执行考试标准、办事规则、执法要求，以规范文明执法促进全员普法，以公平公正公开引导全民守法，提高管理部门执法用法能力，提升驾驶人法治意识、守法水平。三是增强驾驶人管理的普法效能。大力开展普法宣传，充分发挥政府主导、企事业单位主动、社会参与等多方力量，运用多媒体、多渠道、多载体，开展安全驾驶普法宣传，重点在于驾驶培训考试、路面执法和日常宣教，针对少年儿童、中小学生普及机动车和机动车时代的规则知识，推进法治思想入脑入心。

2. 社会化——凝聚合力、综合治理

驾驶人管理工作的法治化，其主要目的在于为驾驶人管理提供协同力量，通过政府、市场、社会等单元各司其职、各负其责、协同共治，打造共建共治共享的驾驶人管理工作格局。

一方面，要建立完善社会化的服务体系。纵深推进警企合作、警社合作，推动在汽车 4S 店、二手车市场、保险、邮政等网点设立交管服务站，提供普惠均衡、便捷高效的驾管业务服务，便利群众办事创业，减少流程，提高服务效率，服务群众，服务发展。

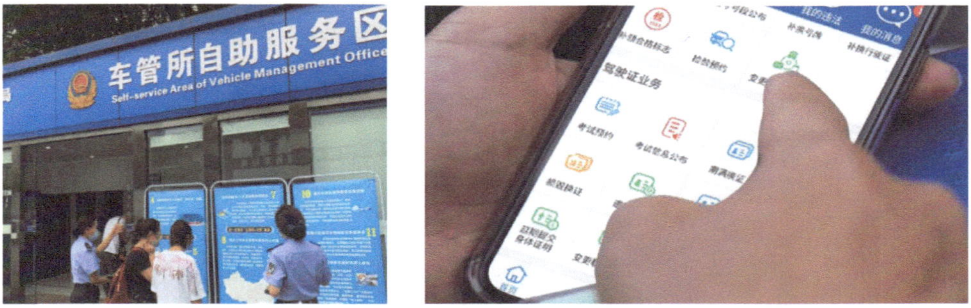

多渠道提供便捷高效的驾管业务服务

另一方面，健全强化社会化的管理体系。要压实企业主体责任，加强驾驶培训机构、运输企业等主体监督管理，落实培训学时与内容、企业日常教育与管理等要求，切实夯实驾驶人管理基础；加强部门履职尽责，强化部门信息、机制协同，特别是公安、交通两部门形成合力，构建各司其职、多管齐下的协同格局；建立健全信用评价体系，强化个人诚信评价，建立驾驶人交通行为与保险、信贷、就业等挂钩的信用规则机制，惩治违法、约束守法、激励敬法，促进全民守法，提升大众整体安全文明素养。

构建社会协同共治的驾驶人管理工作格局

3. 数字化——智能应用、精准治理

驾驶人管理工作的法治化，其主要目的在于为驾驶人管理提供便捷管理的服务工具和手段，充分运用科学原理、智能装备推进驾驶人服务更高效、管理更精准。

一方面，要突出面向管理的精准应用。聚焦驾驶人安全驾驶能力养成，根据驾驶知识体系和规则意识养成要求，探索研发场景化、交互式理论培训考试技术革新，提升驾驶人对交通规则遵守和危险情景应对能力；根据驾驶人驾驶技能养成要求，研究驾驶人培训考试全过程数据感知和分析，通过数字画像评估和车内外驾驶行为信息采集，匹配形成模型算法，对学员驾驶过程中的安全驾驶能力形成综合效能评估，持续改善驾驶人素养水平。

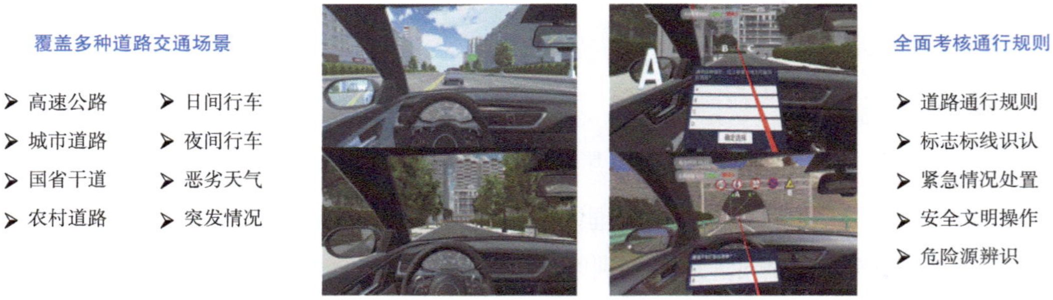

驾驶人场景化、交互式理论考试场景展望

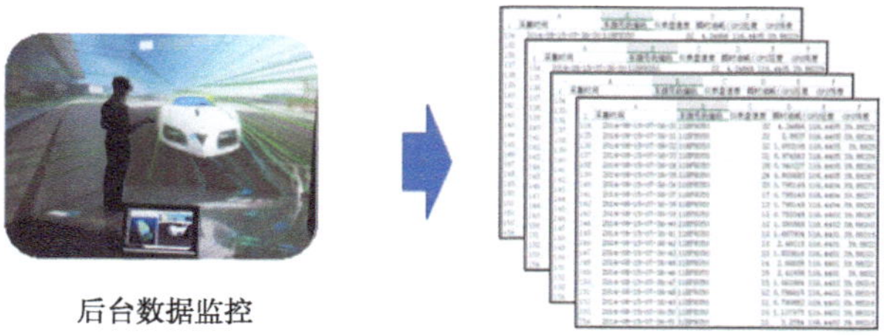

后台数据监控

基于驾驶人数字画像的驾驶能力评估

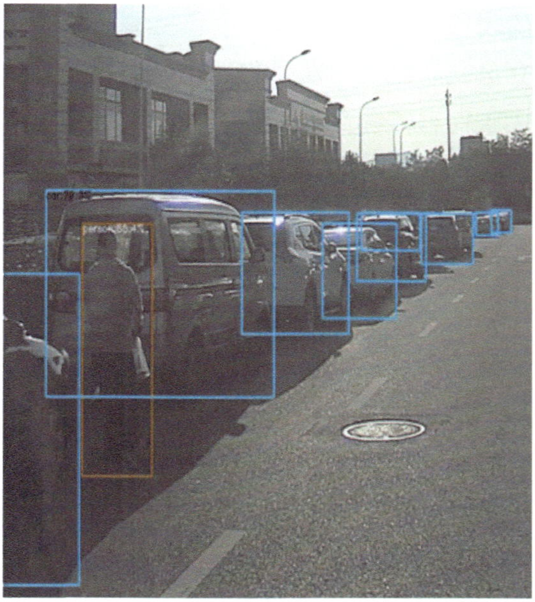

基于驾驶全过程全息数据实际驾驶能力评估

另一方面，要突出服务的精准应用。围绕驾驶人考试领证业务办理服务，建设机动车驾驶人学习教育平台，面向全社会驾驶人提供全生命场景、全分类群体和全应用场景服务，提升驾驶理论学习效果，培考互动，推进新技术在驾驶培训、考试、教育、执法、办证等方面的深度应用，便利驾驶人学习交通安全知识、就近办理驾驶证业务，服务群众、普惠民生。

4. 专业化——保障到位、系统治理

驾驶人管理工作的专业化，其主要目的在于为驾驶人管理提供基础的专业保障，强化系统性的管理能力提升。

一方面，要强化专业队伍体系建设。围绕驾驶人全生命周期的驾驶能力养成和全过程的驾驶证业务办理，建立职业化的教练员、考试员、业务窗口办证人员、执法一线交警、宣传民警等队伍，完善各队伍职业职称晋升保障体系，给足动力、激发活力，规范管理、优化服务，提高驾驶人管理队伍专业化水平。

另一方面，要强化队伍能力建设。加强准入管理、日常培训、监督检查，完善奖惩、教育等管理机制，建设一支懂法律法规、懂行业政策、懂工程技术、懂文化历史、懂群众所需的专业队伍。

驾驶人管理工作的现代化，除了制度规范和技术保障之外，离不开交通安全文化的建设传承。既要立足交通机动化发展的必然规律，遵循交通物理、法理、伦理规律，也要融合中华民族优秀传统文化，凝练安全驾车领域的交通安全文化核心价值观，促进文明引领、文化育人。要加强文化在驾驶人交通安全治理中的作用发挥，建立融管理、内容、传播、评估为一体的交通安全文化体系，抓好管理主体、面向驾驶群体、创新传播载体、完善评估实体，在驾驶人行为素养提升、交通设施的建设、交通工具的驾驶使用、社会氛围的营造等要素群体领域，开展全生命周期、全要素覆盖的文化传播和渗透养成，最终形成健全的交通安全文化，成为我们文化自信的重要组成部分。

第七节　培育道路交通守法观念
——驾驶培训在塑造全民道路安全意识的重要性

盛　宏（荷兰）
荷兰中国驾驶培训促进基金会会长

盛宏先生在演讲

出生于上海，毕业于上海海事大学，现任上海海事大学校友会理事。20世纪90年代初移民荷兰，经过3年的荷兰驾驶教练专业机构培训，2000年考取荷兰教练资格证书。2000年年初，开设荷兰上海驾驶学校。2018年在荷兰商会注册成立荷兰中国驾驶培训促进基金会并任会长一职，在荷兰有21年实际驾驶培训授课经验。

摘　要

本文分析了荷兰道路安全相关规章制度的特点，介绍了荷兰教练员驾驶培训程序操作手册，并分享了荷兰驾驶培训实操教学的典型案例。

在长期的教学实践中，我深刻认识到驾驶培训的重要性和挑战性，也发现了一些行之有效的教学方法和技巧。今天我主要从驾驶培训行业从业者角度来进行分享，希望能对大家的工作和研究有所帮助。

在荷兰，有三部法律规范是驾驶培训行业从业者必须要知道和了解的。一是驾驶培训教学大纲，对应中国的《机动车驾驶培训教学与考试大纲》；二是交通规则和道路标志标线的规定；三是道路交通法。

一、荷兰驾驶培训教学大纲

教学大纲的主要使用对象是教练员和考官。

荷兰驾驶培训教学大纲

驾驶培训教学大纲是汽车驾驶培训的指南，旨在为荷兰驾驶员提供遵守驾驶行为规范的指导。该指南的内容包括交通法规、驾驶考试要求和考取驾驶证的学习计划。指南中特别强调了正确运用交通规则的重要性，同时也注重培养防御性驾驶能力和社会协作的驾驶行为。此外，指南还重点关注新手驾驶员易引发事故的风险特点，并要求驾驶培训机构和教练员在培训中要注重培养学员的独立驾驶能力和自我反思的能力。编写人员根据荷兰中央机动车测试办公室（以下简称

“CBR”）驾驶考试部分和测评主题来描述驾驶行为。该指南主要用于指导教练员和考官的工作。

2023 年 1 月 1 日，大纲发布了新的版本。新版本只是增加了有关驾驶辅助系统方面的新条例。现在有很多新款汽车和教练车都配备了驾驶辅助系统，新的法规条款明确在使用驾驶辅助系统时一定要注意三点：一是必须要在开车之前检查传感器是否正常工作，也就是要做好传感器、摄像头的清洁、维护和保养等；二是使用时不得分散注意力；三是现在还不能完全依赖于驾驶辅助系统，使用辅助系统有时会对驾驶员产生负面影响。

二、荷兰道路交通规则和标识

下面介绍荷兰道路交通规则和标识。交通规则在培训和考试过程中非常重要，是学员必须掌握的驾驶操作基本内容。

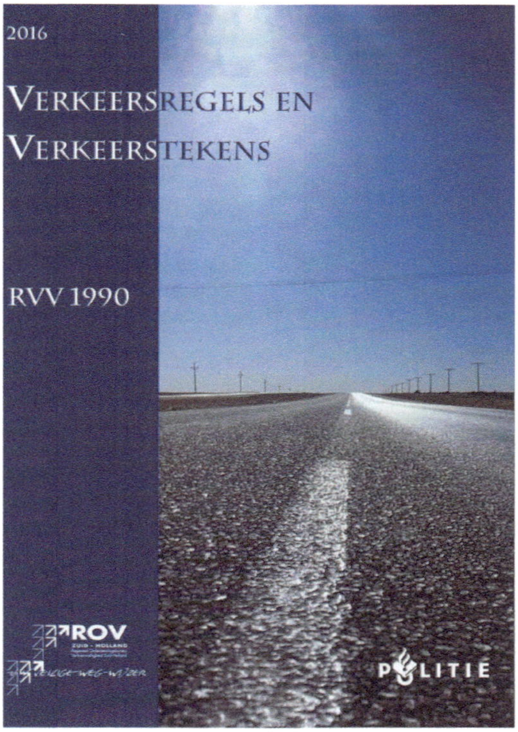

荷兰道路交通规则和标识 RVV1990

为了更好地了解荷兰道路交通规则和标识的有关规定，这里需要特别强调其中第 2 章第 24 节第 54 条，这部分内容非常重要，与驾驶培训密切相关。

荷兰道路交通规则和标识 RVV1990

第 2 章　第 24 节　第 54 条

驾驶员进行特殊操作时，如起步驶离停车位、倒车、进出出入口、驶入道路、掉头、从加速车道汇入行车道、驶入或驶出高速公路、变更车道，必须让其他道路使用者优先通行。

这条规定强调的是所有驾驶员在进行某些操作时，必须要让所有其他道路使用者优先通行，如起步驶离停车位、倒车、驶出干路、进入交叉路口等，还包括进出高速公路路段。这些操作属于特殊的操作，在法规里面特别强调了让行的重要性。因此，驾驶培训机构在教学时，一定要按照法规来执行，培养学员道路优先权的意识，绝对不能随意通行。

三、荷兰道路交通法

荷兰道路交通法是上位法，是制定所有交通法律规范的基础。该法律规定了道路上的安全规则和流通量，以防止交通对他人造成损害和滋扰。其中一条对驾驶培训行业非常重要，那就是道路交通法的第 2 章第 1 节第 5 条。

荷兰道路交通法（1994 版）

第 2 章　第 1 节　第 5 条

禁止任何人在道路上进行造成或者可能造成危险、妨碍或者可能妨碍道路交通的行为。

荷兰法规中强调，造成或者可能造成危险、妨碍或者可能妨碍道路交通的行为都是被禁止的。我特别想就这一点和中国国内驾驶培训行业同行进行分享，因为学员必须要知道、了解、执行法规的规定，才能具备最根本的安全意识。这里要充分理解危险和妨碍所包含的意义，例如如果车辆发生碰撞，肯定属于危险行为；如果只是开启转向灯影响了他人的正常通行，那也是妨碍了他人。这条法规意味着任何人不得在道路采取可能引发危险和阻碍交通的行为，因为每个人都有遵守交通法规和道路安全准则的义务，以确保道路安全，同时不干扰其他交通参与者的正常通行。

四、荷兰驾驶培训教学手册

下面介绍荷兰每个教练员都具备的教学手册。

荷兰驾驶培训教学手册

这本书可以称为教练员手册，主要用于教练员在讲授驾驶课程时和学员一起讨论协商。手册以图解的方式介绍授课内容，帮助学员更好地理解。比如，书中会讲解接近路口、在路口中和通过路口后的操作方法。下面，我用具体案例讲解荷兰教练员开展教学的方式。

五、荷兰教练员教授学员驾驶的过程

1. 接近路口项目的教学

以接近路口的教学项目举例，首先，要教会学员提前观察路口情况。在城市道路，要在距离路口 50 ~ 100 米的位置就要观察路口情况，判断自身是否有优先权。然后，要转头去观察两侧情况，减速，按照刚才判断的优先权去执行优先通行或让他人优先通行。最后，迅速通过路口。通过路口之后必须要观察后方，如果确定没有其他道路使用者在超越本车，就必须果断加速至该路段允许的最高速度，以保持道路的畅通。

2. 驶离路边停车位项目的教学

下面举一个驶离路边停车位的例子。根据相关法规要求，当驾驶员想从路边停车位驶离时，必须做到如下两点：第一，要考虑其他道路使用者的通行情况；第二，要有观察行为。观察分为起动前的观察、起动时的观察和起动后汇入车流的观察。观察是指仔细地看，观察与看的区别在于看只是一般的看，而观察是必须要仔细地看，向四方八面察看。

详细来说，第一，要考虑每一个即将经过本车周围的道路使用者，不仅要保证不会发生碰撞，还要保证不会影响他们正常的行驶速度。如果经过车辆的驾驶员因为本车的行为刹车了，那肯定是本车妨碍了他；如果他松油门，那也是妨碍了他；如果经过的车辆既未刹车也未松油门，但是因为本车打开的转向灯影响到他，也算是妨碍了他。

第二，按照顺序从前方开始观察，通过内外后视镜观察车后和两侧盲区。如果是从道路右侧起步，按照顺序，要从内后视镜、前方、左后视镜和左侧的盲区位置去观察；如果从道路的左侧起步，按照顺序，要先观察内后视镜、前方、右后视镜和右侧盲区方向的道路使用者。如果从障碍物后方起步，则要特别注意其他的交通参与者，因为障碍物会造成驾驶员视线受限。从左侧起步，则应该从右侧盲区方向和右后视镜观察，这样可以清楚地观察到后方的交通情况。因为从这个位置出发，前方接近的交通参与者很难看到本车，在起步时就要更加注意使用内外后视镜来观察交通情况。

第三，给予其他道路使用者优先通行权，在不具备起步时机时就不能开启转向灯。不能贸然提前开启转向灯，而是要在应当开启的时候开启，在可以起步的时候起步。如果造成他人在正常行驶过程中减速让行，就是没有正确礼让他人。因为本车贸然开启转向灯，可能会导致他人因急刹车或向左躲闪而造成交通事故。所以起步前必须先观察再开启转向灯，并且在起步之前还要确认是否有其他车辆即将通过，如果此时有车辆经过，则要把转向灯关掉，保证不影响他人。把握好起步时机就要迅速地将车开走，如果缓慢起步，也会影响他人。

第四，车辆在路上的行驶位置也很重要。从停放的车辆或其他障碍物后方起步时，必须保持尽可能平滑的路线，并保持与停放车辆或障碍物的安全距离。

第五，起步后的速度。由于城市道路和郊区道路的限速不一样，城市道路最高限速是 50 公里每小时，郊区道路是 80 公里每小时，所以驾驶员必须以安全且合适的速度起步。这个速度要考虑到经过的车辆，在市区时对方的速度可能是 50 公里每小时，在郊区，对方的速度可能是 80 公里每小时，速度不同，本车驶离的时机也会不同。此外，还要学习开启转向灯或者关闭转向灯的时机。最后补充一点，荷兰式开门法曾经在中国风靡一时，但其实这在荷兰只是最基本的操作要求而已。

当车辆起步并汇入正常行驶的道路后，必须及时关闭转向灯，否则跟随的车辆会认为本车还会进行变道或转向。例如从窄路起步时，此时正好有公交车经过，如果本车过早开启了转向灯，造成公交车驾驶员误以为本车即将并入其前方而躲闪或急刹车，则很容易造成危险。

驶离路边停车位项目的驾驶教学

3. 有关道路交通规则和标识第 54 条的案例

下面介绍有关道路交通规则和标识第 2 章第 24 节第 54 条的案例。

荷兰道路交通规则和标识 RVV1990

第 2 章　第 24 节　第 54 条

驾驶员执行特殊操作时，如起步驶离停车位、倒车、进出出入口、驶入道路、掉头、从加速车道汇入行车道、驶入或驶出高速公路、变更车道等，必须让其他道路使用者优先通行。

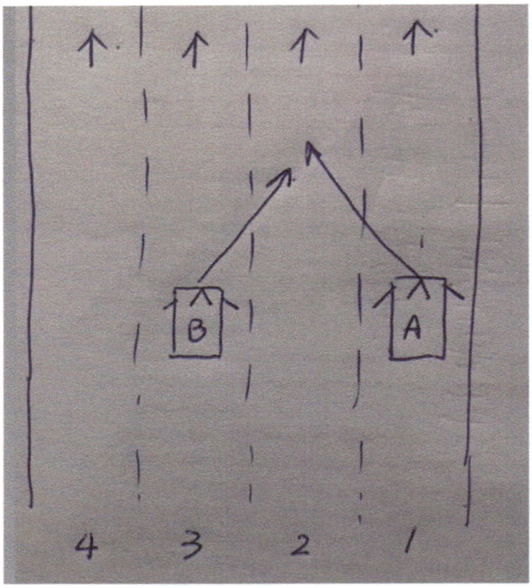

变更车道让行示意图

如上图所示，A 车向左变更车道、B 车向右变更车道，A、B 两车在变更车道的过程中均没有优先权，但是两车都必须让行所有正常行驶的道路使用者。如果 B 车在准备向左变更车道的时候，A 车已经在进行变更车道的操作了，那么 B 车就不可以同时进行变更车道，必须要让 A 车先完成变更车道的操作。

4. 操作转向盘项目教学

下面介绍在荷兰如何教授学员操作转向盘。我看到很多视频和信息，发现中国的操作转向盘项目教学与我在荷兰采用的讲课方式有些不同。其中，手握 3 点钟和

9 点钟位置的要求是一样，但是交叉法和交替法的使用方法有些不一样。在荷兰的教学过程中，教练员会告诉学员轻握 3 点钟和 9 点钟位置，松一下手，不要握得太紧，然后观察前方。一般情况下，操作转向盘有两种方法，一是交叉法，二是交替法。但是通常会要求学员采用交替法，而不是交叉法。因为交替法是用在速度比较快，且不需要大角度转向的情况；而交叉法是在车辆速度比较慢的情况时采用，这两种方法在回正方向时都要让转向盘自动回正，不用手转回来。左手往下拉，右手往下滑，右手往上推，左手往上滑，根据需要去转向，当驾驶员放松手上的力量时，转向盘就会自动回正。

使用交叉法向左转时，右手握 12 点钟方向，当转向盘回弹的时候手要施加一个摩擦力，这个摩擦力是根据控制转向盘回转的速度和车辆行驶轨迹两方面来调整的。

车辆在转弯时让转向盘自动回正，可以迅速地控制车辆行驶轨迹和速度，达到迅速、果断转向的目的，并保持道路畅通，从而使驾驶员有更多精力去观察周围的道路状况，及时作出反应。如果用交替法转动转向盘，然后再以同样的方法用手转回来，这种方式在荷兰会被认为很容易造成危险。

转向盘操作有以下几点错误操作：不可以单手操作，挂完挡以后手要放回到转向盘；不可以将手伸进转向盘内侧，采用从里向外握的方式转动转向盘；不可以将手放在左边的窗框上；不可以将双手放在转向盘的同一边。以上这些要求都是为了保证安全、迅速地完成转弯。

六、先进的驾驶辅助系统

对于教练员和考官以外的人，驾驶手册可能也具有一定的实用性。例如，对于拥有驾驶证的人来说，驾驶手册是个完整的参考书，可以用来审视自己的驾驶技能。尤其是当前很多车辆都配备了驾驶辅助系统，也就是 ADAS，驾驶员就要特别关注这个系统的功能和使用。为了更有效地使用这个辅助系统，驾驶手册的第一章第二节包含了该系统在 2023 年的各项通用准则。

首先，驾驶员要知道辅助系统的名称，因为不同的汽车型号和品牌的系统名称不同。其次，尽管驾驶辅助系统具有类似的功能，但不同的汽车型号和品牌装配的系统，其操作方法也不同。其次，道路情况、天气和交通条件也会影响驾驶辅助系统的运行。最后，开车之前要擦拭传感器的摄像头等，防止其功能失效。

驾驶员也要知道驾驶辅助系统的功能和局限性，这样可以有针对性地进行操作和使用，通过驾驶辅助系统获得更多信息和支持。

驾驶员还必须认识到驾驶辅助系统可能导致的突发状况。例如，在某些情况下，使用驾驶辅助系统可能会使车辆突然减速或跟车距离变小等。

第八节　构建驾培产业发展与安全的数智化土壤

胡　莹（中国）
株洲市时代驾校有限责任公司创始人

胡莹女士在演讲

株洲市时代驾校有限责任公司创始人，现任中国道路运输协会驾驶培训分会副理事长，湖南省机动车驾驶员培训协会理事长，株洲市时代驾校有限责任公司总经理。于2004年7月创办株洲市时代驾校，十余年来，带领时代驾校秉承“文明诚信、优质服务、以人为本”的办学理念，注重素质教育，潜心研究机动车驾驶培训教学理论，沉淀和积累形成驾驶培训管理服务先进理念。坚持深化品牌建设，率先引进新技术促教学、促服务，时代驾校已成为株洲地区发展最快、规模最大的品牌驾校之一。担任两级协会领导工作，团结凝聚会员企业，规范行业秩序，创新服务组织和服务职能，为行业的稳定、有序、健康发展作出了积极贡献。

摘 要

本文结合现状分析了驾驶培训中应试教育的危害，从自身从业实践的角度，阐述了培养既合格又合法的驾驶员、让交通伤亡事故数归零是全体驾驶培训从业者的职责，并提出运用科技化手段推动行业转型升级，构建驾驶培训发展与安全基础。

一、行业现状

1. 驾驶培训行业的春天在哪里？

经过三年疫情，驾驶培训行业受到了巨大的冲击，原以为对新型冠状病毒感染实施“乙类乙管”以后，行业会迎来一个美丽的开门红，但随着2023年第一季度的过去，我与我的同行们发现，开门红只是一个美丽的梦想罢了，我们并没有等到预想中的开门红。

2. 驾驶培训行业价格战何时休？

因为驾驶培训行业从业者素质参差不齐，服务质量欠缺，在没有迎来预期的行业春天的情况下，竟然毫无底线地打起了价格战，并且价格战愈演愈烈，制约了培训质量和服务水平，造成了学员利益无法保障，严重影响了市场信心。作为从业者，白天我们经常会辛辛苦苦、忙忙碌碌，到了夜晚休息的时候，经常会问自己一个问题，这样辛苦自己，并且拖垮同行的价格战有意义吗？价格战何时休？

3. 还记得驾驶培训行业的初心和使命吗？

近年来，驾驶培训行业快速发展，截至目前，全国已有2万多家驾驶培训机构，但行业从业者素质提升停滞不前，行业监管机制和手段约束力不够，让我们国家绝大多数成年人在人生中仅有的接受正规交通安全教育的机会，变成了应试刷题的过程。震惊全国的2023年“2·4”许广高速多车相撞事故，其发生的原因仅仅是交通参与者不了解高速公路雾天行车的有关法律法规和驾驶知识，最终造成了49辆车连环追尾的重特大事故，几十个家庭因为悲剧的降临永远失去了团圆的机会。

驾驶培训行业肩负着传播交通安全文明的重要使命，是交通安全的引路人。作为行业的从业者，我们应该扪心自问，我们培养的这些驾驶员真的都是合格的驾驶员吗？如果我们在开展驾驶理论培训的过程中不是一味地让学员刷题，而是认真进行法规理论培训和风险场景识别的教育，就能从一开始培养学员的安全文明意识，也许就能帮助他远离危险的驾驶操作，保护他和家人的生命。

驾驶培训行业的春天在哪里？

近三年，行业受到了巨大冲击，原以为今年会迎来一个美丽的开门红，但随着一季度的过去，开门红只是一个美丽的梦想罢了

驾驶培训行业价格战何时休？

从业者素质参差不齐，服务意识欠缺，毫无底线的低价竞争，造成学员利益无法保证，严重影响市场信心

还记得驾驶培训行业的初心和使命吗？

部分驾驶培训机构变成了投机机构，应试教育成了香饽饽，驾驶培训没有成为普及交通安全意识的有效途径

驾驶培训行业面临的突出问题

二、湖南驾培人为行业的健康有序发展在努力

习近平总书记在湖南考察时，引用了岳麓书院名联“惟楚有材，于斯为盛”，对湖南精神和湖南文化给予了高度评价。在山河智能装备股份有限公司考察调研时，习近平总书记指出，“创新是企业经营最重要的品质，也是今后我们爬坡过坎必须要做到的。”❶在行业面临困境之时，湖南驾培人在努力！

1. 行业主管部门深度谋划

湖南驾驶培训行业主管部门通过多次调研，统筹布局，敢为人先。在湖南率先出台了《促进我省驾培行业进行转型升级的指导意见》，此项政策重点鼓励驾驶培训机构先行先试，应用数字化、数据化、智能化、环保型人工智能先进技术装备，大力推广智能模拟器、智能培训机器人在湖南的应用推广。

❶ 引用自《人民日报》(2020年09月21日01版)。

2. 驾驶培训机构积极推进数智化转型

湖南省大批驾驶培训机构以培养安全合格驾驶员的使命感，为促进行业健康发展踏出了创新的步伐。

宜章鸿鑫驾校将挂靠车全部转为直营，场内驾驶培训全部应用机器人教学，考试合格率不断上升，塑造了良好口碑，培训市场占有率更是提升至全市的 50%。宜章鸿鑫驾校每个月从毕业学员中随机抽取一名学员，赠送由校长亲自陪驾 100 公里的出道礼，除因疫情影响的一个月外，该活动已经连续进行了 52 期，深受社会好评。

长沙湘宁驾校机器人分校以其良好的练车体验和个性化、标准化教学流程，吸引了不少外地学员组团前来学车。

衡东清华驾校自成立起坚持直营，抓服务，抓品牌，运用模拟器 + 机器人的先进教学方式，品牌传播迅速，不断发展壮大，现在已经托管了邻近驾校，管理理念广为传播。

邵东顺达驾校在最低谷时仅剩五台教练车，经营岌岌可危，期间我们也交流颇多，在大家的鼓励下，龚校长以过人的胆识和顽强的意志，在 2020 年果断举债走上了数智化转型之路，仅仅一年便走出困境，成为当地驾驶培训行业的领头羊。

湖南驾驶培训机构积极推进数智化转型

三湘大地，这样的例子不胜枚举，大家都在努力通过数智化改进，让传统的驾驶培训行业焕发新的生机。

三、构建驾驶培训产业数智化土壤

安全是发展之本，是发展之基，更是加快建设交通强国的基本保障。各位同仁都是安全文明驾驶的引路人，承载着重要的使命，要扛起这份沉甸甸的责任，仅仅打补丁显然是不行的，需要做大的改变。为此，我建议：

1. 全行业、多领域扩大数智化成果

为了实现数智化土壤的建设，驾驶培训行业需要进一步完善数字化战略。该战略应该包括建立统一的监管数字化平台，应用大数据分析，推广人工智能等新技术，推进行业信用体系建设，确保教学大纲落实，夯实培训质量根基，提升驾驶培训产业的效率和安全性，探索以小分制和考试相结合的新模式。

2. 持续推广成熟的智能化驾驶培训设备

大力推广运用虚拟现实技术的驾驶模拟器，规模化、效益化、场景化应用的智能机器人教练等产品，让学员更加深入地学习驾驶技巧和道路安全意识，特别是复杂道路和恶劣天气条件下的驾驶知识，并拓展理论培训的场景化教学模式，掌握极端天气下的驾驶知识和各类防御性驾驶知识。

3. 组建数智驾驶培训产业联盟

为了更好地实现驾驶培训行业的数智化发展，可以为已经和正在进行数智化转型的驾校搭建官方交流平台，促进各方数据、经验、成果、模式的共创共享。

4. 强化监管与服务

数智化驾驶培训行业需要建立完善的监管机制和标准体系，广泛应用正规且符合要求的产品，确保行业的安全和规范发展。同时，也需要得到资金、政策等各方面的支持。

总之，构建驾驶培训产业发展与安全的数智化土壤是一个系统性、复杂性的工程。需要整合政府、企业、科研机构等多方资源，发挥各自优势，建立起一个全面、科学、高效的数智化驾驶培训生态系统。这样，才能不断提高驾驶培训产业的培训质量和服务水平，为交通安全和社会发展作出更大的贡献。

全行业、多领域扩大数智化成果

进一步完善数字化战略。包括建立统一的监管数字化平台、应用大数据分析、推广人工智能技术等，以提高驾驶培训产业的效率和安全性，探索 以小分制和考试相结合的新模式

持续推广成熟的智能化驾驶培训设备

全面采用虚拟现实技术的驾驶模拟器，规模化、效益化、场景化应用的智能机器人教练产品等，让学员更加深入地习得驾驶技巧和道路安全意识，并拓展理论培训的场景化教学模式

组建数智驾驶培训产业联盟

为了更好地实现驾驶培训行业的数智化发展，可以为已经和正在进行驾校数智化转型的驾校搭建官方交流平台，促进各方数据、经验、成果、模式的共创共享

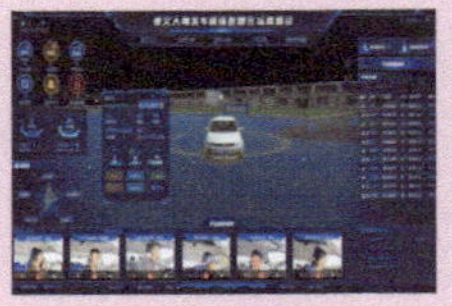

强化监管与服务

数智化驾驶培训行业需要建立完善的监管机制，确保行业的安全和规范发展。同时，也需要得到资金、政策等各方面的支持

构建驾驶培训产业数智化土壤

第九节　科技推动发展　创新助力安全

闫文辉（中国）
中国道路运输协会副会长
中国道路交通安全协会副会长
东方时尚驾驶学校股份有限公司总经理

闫文辉先生在演讲

现任中国道路运输协会副会长、中国道路交通安全协会副会长、中国道路运输协会机动车驾驶培训分会理事长、东方时尚驾驶学校股份有限公司总经理。从事驾驶培训行业二十余载，积极推进我国交通安全素质教育工作，重视学员“安全驾驶、文明出行”意识的培养。倡导和推动智能驾培、绿色驾培，将VR技术应用在驾驶培训中，提高了科技含量，并将积累的经营管理经验分享给同行业。秉承让更多的人群关注驾驶员培训行业，为驾驶培训插上科技的翅膀，让更多学习驾驶技术的人们树立敬畏交通法规，掌握过硬驾驶技术的理念，最大限度地减少交通事故，缓解交通拥堵，从而创建安全和谐的交通环境。

摘 要

本文系统分析了传统机动车驾驶培训模式及行业现状，介绍了科技赋能推动驾驶培训机构转型升级的典型实践案例，并结合政策引导与发展实践阐述了驾驶培训机构转型升级带来的发展红利。

一、前途光明 道路曲折

驾驶培训行业成熟后可以归纳为 8 个字，即“前途光明、道路曲折”。2022 年 9 月 28 日，交通运输部响应国家“放管服”政策，在《机动车驾驶员培训管理规定》中确定驾驶培训机构管理制度由行政许可制过渡为备案制管理，驾驶培训行业管理和发展思路进一步优化调整。准入机制的改变，使驾驶培训机构数量极速增长，截至 2021 年末，全国驾驶培训机构数量达 21012 户。此外，未取得备案资质的驾驶培训机构数量难以统计，据推测，现已备案的驾驶培训机构数量突破 3 万户。

2014—2021 年驾驶培训机构数量变化情况

结合我国近年驾驶员增长规律、学车适龄人口数量和供给侧饱和度三个方面来看，虽然驾驶培训行业将近 20 年的高速发展黄金期已经基本过去，但未来的 10 年仍然会有超过 2000 万人／年的市场空间。一方面，与其他国家机动车驾驶员持证率相比，我国机动车驾驶员持证比例增长空间大。美国适龄人口持证率达到了70%，日本、韩国也都将近70%。根据公安部交通管理局统计数据，截至2022年底，我国机动车驾驶人达到5.02亿人，其中汽车驾驶人4.64亿人。全国人口数量将近14.12亿人，按此比例推算，在驾驶人年均增长规模不变的情况下，我国人口持证率距离突破50%，还有近15年的增长空间。另一方面，我国每年年满18周岁的学车适龄人群达1000万以上。驾驶培训从业者仍应对行业树立信心，以优质的教学质量和服务水平，坚守好道路交通安全的首要关口。

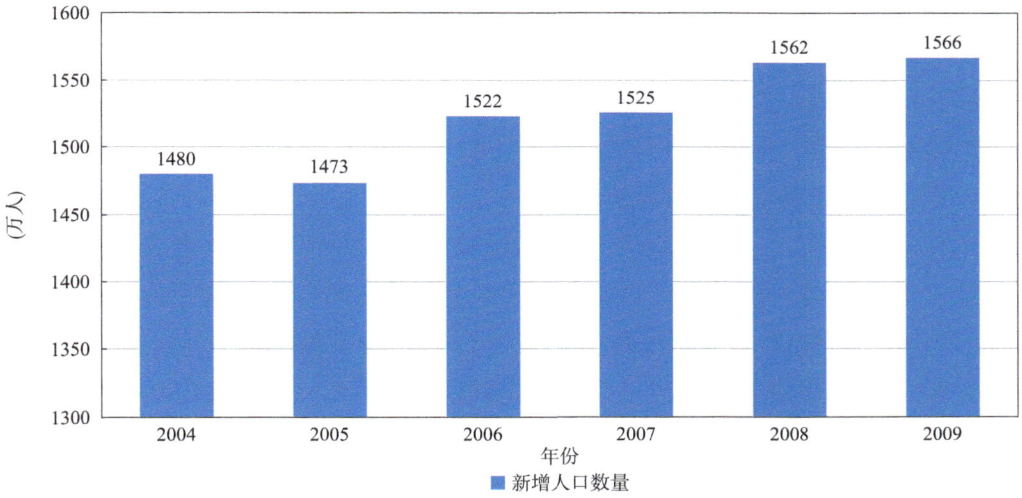

2004—2009年全国新增人口数量

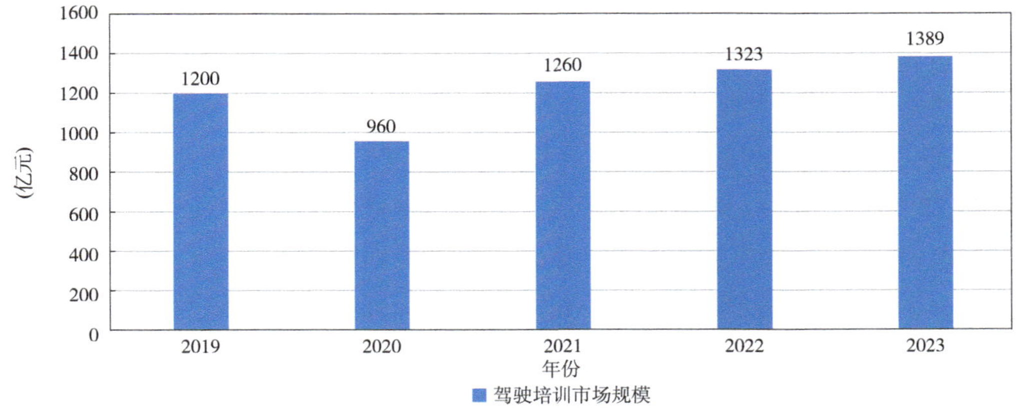

2019—2023年全国驾驶培训市场规模

驾驶培训行业目前仍处于千亿级市场规模，由于门槛低，导致格局非常分散。驾驶培训行业现状有三个特点：

一是规模小、实力弱、布局分散。在绝大部分不从事驾驶培训相关行业人的想象中，驾校就是一个小院，几根竹竿，几辆教练车的概念。然而目前，绝大部分确实存在这种经营状况。甚至有些未取得经营资格的“黑驾校”，找个“断头路”，找一块相对平坦的场地就开始招生、练车。

二是缺乏科学管理体系。自2021年起，中国道路运输协会机动车驾驶培训分会开展了“大走访、大调研”活动，走访调研了17个省市地区，摸底结果反映，极少数驾驶培训机构拥有自己独立的管理系统、招生平台和招生团队。即使有自己的招生平台和团队，多数也是由教练员进行招生。如果一个教练员是招生“状元”，一年能够招来几百名学员，但是他的教学不到位，服务不到位，即使他犯了错误，驾校在开除他的时候也会考虑经济效益。

还有一些驾校，运用互联网招生平台和第三方媒介等新业态进行招生，相当于断了自己的路。随着2015年驾培驾考改革的开始，互联网招生平台如雨后春笋般出现。据统计，当时互联网招生平台数量达到约200余家。这些招生平台刚开始与驾校免费合作招生，在利用互联网流量大、传播性广的优势招揽大量学员后，免费的合作就开始变为收费合作，每位学员收取300～600元报名服务费，有的平台甚至收取1000元的报名服务费。如果每名学员学驾的平均学费为3000多元，相当于把1/3的费用给了招生平台，导致驾校的培训和服务质量很难保证。而一旦养成依赖平台招生的服务习惯，断开合作则又面临招生难的问题。

东方时尚驾驶学校股份有限公司（以下简称“东方时尚”）从1995年公司成立之初，就开始搭建自己的管理系统，尤其是在近15年时间，管理系统主要用在科技信息、系统搭建和计时管理系统上。财务管理软件、招生App、学员学习软件等科技开发费用突破了1亿元，甚至专门收购了一家科技公司负责科技开发，目的是把科技管理的核心技术掌握在自己手里。打仗的子弹不能让别人造，不能让跟自己不相干的人掌握自己的核心技术，只有掌握在自己手里才安全。

三是思维僵化不规范。现在很多新生代驾校总是在想如何能够实现利润最大化，如何能够让学员周转率提高。我认为这是一个很大的“雷”。现在绝大部分驾校都是先收钱再进行培训，在招生时如果遇到低价恶性竞争也只能“应战”，同样走降价招生路线。因为如果不招生，后续加油、运营的资金都存在困难，这实际是一种恶性循环，一旦资金链断裂出现违规问题，管理部门会立即让驾校停止招生；一旦停止招生，那么教练员工资、日常运营资金都将出现困难，最终导致驾校停业，在校学员无法培训，造成严重的社会影响。这也是全国多地探索“先培后付，资金托管”模式的重要原因。

当前，驾驶培训行业发展进入瓶颈期，面临的主要问题有以下几点：一是产能过剩、竞争激烈；二是潜在的学车群体数量减少导致了缩量博弈；三是与驾驶培训后市场脱节，持续增长点缺失；四是降低碳排放量要求；五是运营成本上涨；六是道路交通安全对行业的诉求日益提升；七是服务水平同质化，没有核心竞争力；八是获取学员信息媒体渠道越来越多。

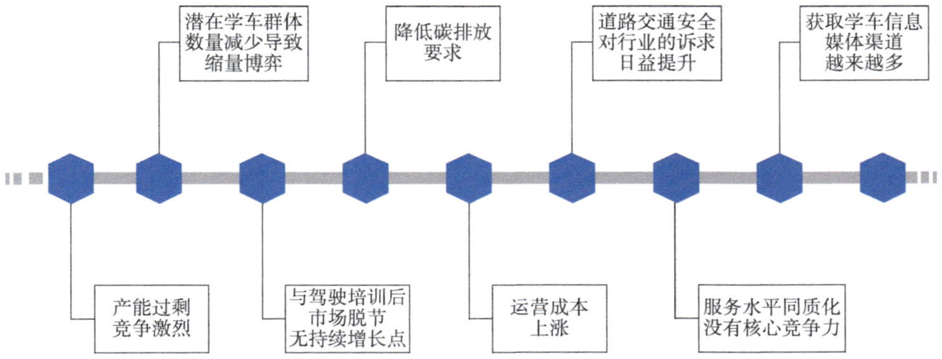

驾驶培训行业发展瓶颈

二、坚守使命　安全为先

自 2016 年起，机动车驾驶培训与道路交通安全国际论坛已成功举办五届，主题分别为“责任与安全”“质量与安全”“诚信与安全”“职业与安全”“科技与安全”，本届国际论坛的主题为“发展与安全”，始终围绕安全这一主题。在中国，从幼儿园到大学都没有专门了解、学习和掌握道路交通安全意识和法律法规课程的机会，唯一的一次机会就是踏入驾校的校门。然而，现在能把握住这唯一机会的人也寥寥无几。95% 以上的道路交通事故都是由人为原因造成的，也就是说，这 95% 的人为因素都与人的意识有关。驾驶培训机构作为道路交通安全的第一道关口，不仅要教会学员驾驶技能，更要培养学员成为具有安全文明意识和法律意识的合格驾驶员。有事故发生就会有伤亡、财产损失和生命危险。如果驾驶培训机构采用应试教学，对学员安全意识和教学水平培训不到位，造成了有人员伤亡的交通事故，那么就相当于在草菅人命。反之，如果进行素质教育，驾驶培训机构把培训工作都做到位了，培训的每个学员都能够避免一起死亡事故，这就是在积德行善。在历届国际论坛中，我与很多汽车工业发达国家的同行交流，发现我国驾驶培训行业与其他国家最大的差异是其他国家都在进行素质教育，而我国的驾驶培训机构大多在进行应试教学。

驾驶培训行业的时代使命

科技应用只是驾驶培训行业重视素质教育、突破行业瓶颈的手段之一，更为重要的是行业门槛需要提高。2023 年两会期间，习近平总书记在看望参加政协会议的民建工商联界委员时指出：“‘放’了以后，‘管’跟上了没有？‘服’到位了没有？这是一体的。一谈‘放’，就要把后面的‘管’和‘服’备好。不立不破。”[1] 驾驶培训行业承载的是安全与人命，希望行业管理部门能够适当提高门槛，建立起退出机制。驾驶培训行业是道路交通行业的“入口”，有着天然流量，应该利用好这一天然优势，向上下游延伸，搭建起科技平台、服务平台、流量平台，那么行业的发展将不再停留于千亿级别，而是向更高的层次发展。

❶ 引用自《人民日报》（2023年03月07日01版）。

驾驶培训行业产业和服务升级

在可以预见的 10—20 年，驾驶培训行业的终局绝不是消亡，而是产业和服务的升级，是对现有教学模式和教学内容、培训环境和服务水平的提升。服务水准直接定义了收费的标准，东方时尚平均收费 6200 元／人，在学车旺季时需要排大队。与此同时，隔壁的一家平均收费 3000 元／人左右的驾校，却招生人数寥寥无几。相同的地理位置、悬殊的价格和招生数量就能比较出来服务的重要性。

三、科技创新 引领未来

科技创新引领未来。2019 年 10 月东方时尚投入运营的“智能驾驶培训示范基地”采用“7×24 小时、无节假日”运行模式，运用沉浸式动感 VR 模拟器 +5G+AI 教练车进行培训教学。起初，东方时尚用两年半的时间，对不同年龄段学员进行了 VR 驾驶模拟器、AI 机器人教练的试培训，之后决定投入 300 台 VR 模拟器进行训练，但是却收到了一些反对意见。其中，反对声音最大的是教练员。在克服重重困难后，东方时尚于 2019 年大规模铺设智能驾驶培训设备。2019 年底突如其来的新型冠状病毒疫情，导致绝大多数驾校停业。幸运的是 VR 模拟器 +5G+AI 教练车的零接触教学模式，教练车里可以没有教练员，模拟器能够一人一消毒，并保持安全的培训距离。三年疫情期间，东方时尚只在 2020 年初停业了 12 天。2020 年春节过后直到 2022 年底，东方时尚没有再停业过一天，树立了全国驾驶培训行业疫情精准防控的典范。

人工智能

5G 技术

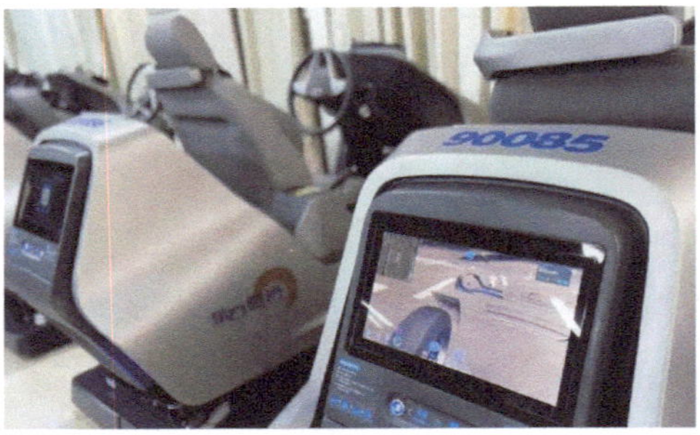

驾驶行为大数据

新能源汽车

VR 模拟场景训练

科技赋能驾驶培训行业发展

科技赋能驾驶培训机构，真正让东方时尚实现降本增效。一是优化人员，降低能源和土地成本。过去，北京东方时尚主校区共有 2000 台教练车，最高峰时期员工一共有 5000 多人，其中有 3000 名教练员，两车三人制进行倒班教学。现在，东方时尚有 1000 台教练车，1000 台模拟器，员工人数为 2000 人，减少了将近 3000 人，每年人员成本减少了 3 亿～ 4 亿元。

二是提高合格率。根据试培训阶段的结果统计，只进行 VR 模拟训练，不进行实车练习，考试合格率可达 30% 以上。全国科目二考试合格率为 53%，使用 VR 模拟和传统教练员教学模式相结合，科目二考试合格率可达 73% ~ 75%；运用 VR 模拟训练和 AI 机器人教学模式，科目二考试合格率达到 85% ~ 90%。

智能驾驶体验中心

三是能够培训防御性驾驶及恶劣天气、环境等实车难以培训的场景。VR 模拟器是沉浸式的教学体验。曾有一位学员在使用 VR 模拟器进行防御性驾驶训练时，她驾驶的车辆在路口右转弯时遇到了“鬼探头”事故，一个女孩从左侧视野盲区跑了出来，她没有提前减速，因此撞上了女孩。事故发生时，车辆座椅有震动感，前风窗玻璃被撞碎，红色的鲜血洒满事故现场，在 VR 沉浸式体验的效果下显得格外真实。这样真实的场景达到了训练效果，这位学员在取得驾驶证后，自己驾车上路遇到转弯的情况，就本能地提前减速，注意观察周边环境。其次，VR 模拟器还能实现在雨、雪、雾等恶劣天气或山区道路、高速公路等特殊路段的模拟教学。

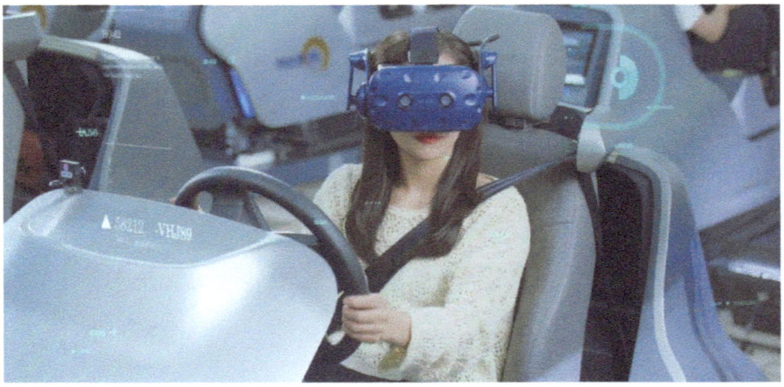

VR 模拟器训练

四是统一教学标准，提升培训水平。科技发展带动了驾驶培训行业的科技进步。过去的智能化是人机对话，学员遇到问题时需要切到中控室，由教练员进行对话解答。随着科技进步，现在的AI教练车已经可以自行解决学员提出的一般问题。而且，还解决了教练员情绪化、服务态度差、教学不规范等问题。东方时尚从建校初期就制定了自己的执教标准和执教手册等规范文件，但依然难以做到完全统一的教学标准，而AI教练车解决了困扰驾校26年的问题。利用40学时进行统一标准化教学，真正养成上车后系安全带、下车时回头看、双手开车门等良好的行为习惯。

五是提升培训效率。科技赋能驾驶培训，在为学员提供便捷、高效、标准化培训模式的同时能够提升培训效率。在进行传统模式教学时，无论学员是否通过此科目训练，做完一次就得重新绕一圈，排队等待下次训练。但是，运用VR模拟训练只需对机器说：“重练坡起”“重走曲线”“重走直角”等，训练科目场景就会立刻出现在眼前，大大提升了训练效率。

六是打破时间空间限制。传统教练车在使用十年后报废，但使用VR模拟器可以进行全天24小时的培训，突破了时空限制，有效提高了培训效率，节约了运营成本。

目前，运用科技赋能驾驶培训行业转型升级仍与现行管理制度和机动车驾驶培训教学大纲存在“冲突”，因此希望行业管理部门能够本着包容、审慎的态度，开展先行先试工作。同时，希望行业管理部门指导并利用好行业协会的平台，通过搭建专班，吸纳驾驶培训机构、第三方专业研究机构等力量，共同审慎研究驾驶培训行业转型发展的新道路。

过去驾驶模拟器标准不统一，培训质量难保证。使用模拟器只是为了完成《机动车驾驶员培训机构资格条件》（GB/T 30340）和《机动车驾驶培训教学大纲》中关于模拟器的相关要求，难以真正发挥模拟器的作用。2022年9月9日，交通运输部发布了行业标准《汽车驾驶培训模拟器》（JT/T 378—2022）。此次标准修订以提升驾驶模拟器训练的教学效果为核心目标，重点从训练体验、教学内容和训练管理三个维度对标准进行了完善。未来，希望模拟器使用方面的相关政策修订能够以学员为中心，重点围绕训练效果和体验反馈进行完善，达到推动应用模拟器的预期效果。

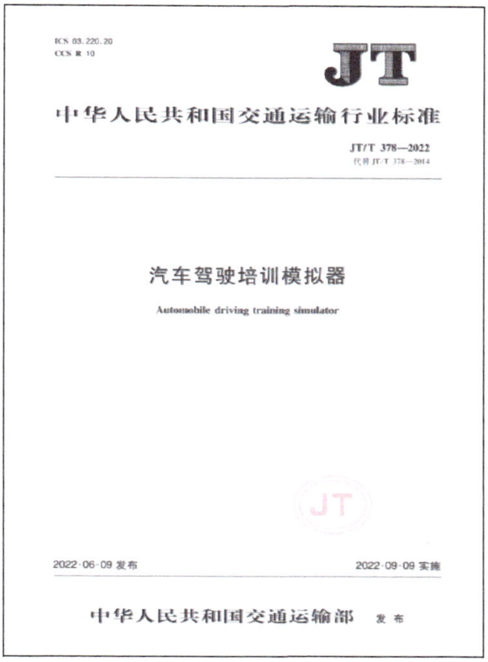
ICS 03.220.20
CCS R 10
JT
中华人民共和国交通运输行业标准
JT/T 378—2022
代替 JT/T 378—2014
汽车驾驶培训模拟器
Automobile driving training simulator
2022-06-09 发布
2022-09-09 实施
中华人民共和国交通运输部 发布

交通运输行业标准《汽车驾驶培训模拟器》（JT/T 378—2022）

2021 年 8 月 30 日，经交通运输部批复，同意人民交通出版传媒管理有限公司为交通强国建设试点单位，主持开展“道路交通安全文明素质教育”试点任务，内容之一是围绕机动车驾驶智能培训与管理开展探索研究。目前，北京、内蒙古、浙江、江苏、广东、河北、云南、新疆等多地发文支持探索人工智能驾驶培训模式。驾驶培训行业正在从传统教育培训模式，转向科技赋能。

科技推动发展，创新助力安全。发展和安全同样重要，党中央提倡高质量发展，安全是始终不变的主线。发展和安全如同两条并行的铁轨，哪条铁轨也不能偏离。我相信只有发展与安全并驾齐驱，驾驶培训行业这列高速发展的列车才能不断驶向春天。

第四章

沙龙论坛实录

沙龙论坛现场

沙龙论坛出席嘉宾

闫文辉（主持人）　中国道路运输协会副会长、中国道路交通安全协会副会长、东方时尚驾驶学校股份有限公司总经理

伊萨克·贝林　法国 CER Bobillot 驾校车辆驾驶培训管理部门负责人

井口国雄　日本爱宕驾校校长

盛　宏　荷兰中国驾驶培训促进基金会会长，荷兰上海驾驶学校校长

曾　诚　交通运输部公路科学研究院汽车运输研究中心技术质量总监

范守敏　安徽省机动车驾驶培训行业协会顾问

王　飞　湖南省机动车驾驶培训协会党支部书记、副会长，湖南省宜章鸿鑫机动车驾驶人培训学校校长

伊萨克·贝林先生进行交流发言

主持人(闫文辉):法国同仁是第一位演讲嘉宾,他提到了模拟器、VR新技术在行业里的应用,请问伊萨克·贝林先生,互联网技术的发展对传统驾驶培训行业管理模式产生了影响,如何加强数智化驾驶培训管理的建设,以适应时代发展?对此,您有哪些看法?

伊萨克·贝林:首先我觉得去适应变化之前要先学习变化。模拟器对法国来讲是很新的概念,当时相关管理部门制订了一系列法律法规对使用模拟器的驾驶培训进行监管,涉及它能否转化为培训学时。在法国,一般情况下学员在我们驾校学习驾驶培训总共是20个小时。很多驾校将这20个小时分配为两部分:第一部分是在驾驶模拟器上培训5个小时,第二部分是15个小时的实车训练,实车训练需要有一名教练员陪伴。一开始,驾驶模拟器训练的推广是比较困难的,因为要让学员相信使用模拟器的训练是真正在练习,而不是玩游戏,这点很困难。所以,学员的家长不愿付费进行驾驶模拟器训练,如果驾校让学员去进行5个小时模拟器的培训,那么家长甚至就让孩子转校。所以我们驾校一定要有很强的理由来说服家长,让他们相信自己的孩子在我们这个驾校学习是正确的选择。现在我们做了一些调整，虽然法国政府建议驾校进行 5 个小时的驾驶模拟器培训和 15 个小时的实车培训，但是我们调整为进行 4 个小时驾驶模拟器训练，剩余的 16 个小时是实车训练。前两个小时的模拟器训练由教练员陪伴着学员一起在模拟器上进行训练。后两个小时的模拟器训练则由学员自主独立在模拟器上进行训练。因为学员已经在模拟器上学习了两个小时的驾驶基础知识，他们会认识到模拟器的优势和作用。通过这种方法，我们才逐渐地让大家愿意接受模拟器这个新的培训工具。

主持人（闫文辉）：刚刚提到的驾驶模拟器，我们在运用当中确实遇到过有学员不理解、不接受的情况，但是在练习完两节课以后，他甚至不愿意离开模拟器了。因为在找到感觉以后，学员会发现模拟器里能练习的内容很多。现在有的学员在取得驾驶证后还会回来在模拟器上进行练习，因为他们有很多项目在实车上不敢操作。之前，我不知道法国也应用了这种新的培训技术，甚至我以为东方时尚是全世界第一个应用 VR 沉浸式动感模拟器进行训练的驾校，没想到法国也已经应用了。我特别赞成贝林先生说的“不能让学员认为驾驶模拟器就是游戏机”。过去，VR 技术大多应用在电影、电子游戏等领域，在真正引入驾驶培训行业方面，我们真的走在了前沿，但绝不能在发展过程中走歪了路。如果仅仅认为模拟器是一款游戏机，那就失去了科技赋能驾驶培训行业的真正目的。

井口国雄先生进行交流发言

主持人（闫文辉）：来自日本的井口国雄先生曾多次到访中国，今年他已经 74 岁高龄了，他参加本届论坛的目的主要是与大家交流如何使中国的驾驶培训再上一个新台阶。请问井口先生，您认为应如何搭建道路交通安全教育体系，如何塑造全民道路交通安全的价值观？

井口国雄：作为大家的同业者，我认为交通安全是我们这个行业永远的主题，行业里的每一个从业者都需要考虑道路交通安全环境。首先是我们一定要完善相关法律法规，然后全社会在提高交通安全方面共同努力。因此，这次国际论坛的交流内容都与所有参会者息息相关。

关于如何构筑提升教学计划和教学管理意识的体系，我认为我们所有人都在非常认真地思考。在日本，我们从 1970 年左右就开始思考建立交通安全体系。当时，我们曾考虑在通用教学教材中引入交通安全教育理念，对于教练员、考官这些重要岗位，也都从基本条件开始进行培训。学员需要先持有一年的临时驾驶证，然后再到考场进行考试，当达到满分的 90% 后才能获得合格，取得正式驾驶证。日本在驾驶证制度方面可能和中国不一样，在日本有临时驾驶证的制度，由驾校颁发临时驾驶证。也就是说，驾校教练员就可以判定哪一位学员可以获得临时驾驶证。学员需要先通过科目理论考试，这项考试可以在任何一家驾校进行，对学员来说非常方便。科目理论考试通过一年后，会进行一次全国通用的路考考试，考的是综合性内容，这项考试会设置 5 ~ 7 名交警考官进行评判。这些考官在考试过程中非常严格，他们仔细观察学员的每一个驾驶动作、每一个细节，并且在整个考试过程中会有监察员进行三、四次的突然检查，这些监察员是由行业管理部门人员担任。有的学员可能在第一阶段就收到警告，如果学员通过了第一阶段，就可以进入第二阶段的书面考试，第三阶段要在一个月后才能够进行。如果学员在第四阶段出现操作错误，考试就被判定为不合格。日本驾校在整个经营和教学过程中，都严格按照行业管理部门的指导标准执行。

日本的教学环节设置也跟中国一样，按照科目进行教学。现在日本部分驾校也开始逐渐引入数字化技术，比如人工智能、VR 等。但是我认为，驾校不能只教授这些新技术和新理论。日本的行业管理部门认为要让学员养成交通安全意识，要让社会的交通事故和因交通事故造成的死亡悲剧消失，这是我们的核心目标。

主持人（闫文辉）：谢谢井口先生。韩国也借鉴了日本的培训模式，后来韩国进行了驾驶培训考试改革，小型汽车培训时长由原来的 30 个小时降低到 8 个小时，据说现在也在逐步恢复原来的培训时长。因为在降低学时后不到 5 年的时间里，韩国的交通事故率和死亡率大幅提升，这说明驾驶培训行业真的与道路交通安全息息相关。尤其是刚才井口先生提到我们的责任不是仅教授学员驾驶技能，还要教授安全意识和理念。

盛宏先生进行交流发言

主持人(闫文辉):盛宏先生是荷兰籍华人,他在荷兰从事驾驶培训行业30多年,也是一位资深的驾驶培训从业者了。请问盛先生,您在荷兰是以培训华人为主,还是以培训欧洲人为主?第二个问题是如果按照目前绝大多数中国驾驶培训机构的以通过考试为核心的培训理念,能否在荷兰得到认可?如果不进行素质教育,仅仅注重应试教学,在荷兰会不会有市场?

盛　宏: 非常高兴有机会和大家分享刚刚闫会长提问的两个问题。针对第一个问题,我在荷兰主要培训服务对象是华人,华人和华侨是两个概念,华人是已经入荷兰籍的,华侨就是还没有入籍,还是中国国籍。第二个问题我认为这样回答比较好,如果我的学员来自中国,而且在中国已经取得驾驶证,已经开了3～5年的车,他在荷兰直接参加驾驶考试,那很有可能通过不了。即使该学员在荷兰培训,那可能学习10个小时也还是通过不了。这是我在实际教学过程中的真实经验,学员在参加20节课甚至30节课的学习后也还是无法通过考试。简单来说,荷兰的考试要求就是六字方针——“独立、安全、迅速”。从中国来的学员虽然已经可以独立开车,但对于安全的认知却不符合荷兰的要求。再举一个关于加速的例子。我们在培训过程中要求学员要果断加速，今天潘汉中先生在演讲中也提到了安全速度。安全速度就是该快的时候要快，该慢的时候要慢，如果该快的时候快不起来，该慢的时候慢不下来就是不对的。该快的时候快不起来可能是因为对自己不自信的原因造成，也可能是由于驾驶中看得不够远造成的。比如我现在向前可以看到约 50 米外的墙壁，但是学员在开车的时候视线就达不到这样的距离，所以速度就跟不上，明明前面是很开阔的路况，却不敢果断加速。如果他在驾驶考试中做不到果断加速，考官也会认为这是因为学员的驾驶视线不够远，而这样的行驶速度和跟车距离可能无法应对突然出现的各种风险。学员应该具备提前观察前方的意识，不能到了位置再去看，那时候可能已经进入危险区域了。安全速度可以衡量一个学员能不能达到安全驾驶的要求。考官可以在考试 5 分钟的时间里判断学员是否符合通过考试的要求，比如学员在该加速的时候能否做到及时加速，观察的距离够不够远、够不够广、够不够立体。对两侧盲区的观察是否到位等。考官要衡量学员在驾驶过程中与周围车辆的距离、速度，会车位置的选择是否会造成危险或妨碍到他人。我在演讲时提到，荷兰道路交通法第 2 章第 1 节第 5 条规定任何驾驶者在道路上行驶都不能造成危险或有任何可能造成危险的行为，也不允许有妨碍或任何可能妨碍其他道路使用者的行为。这点在规则里非常重要。

同时，荷兰的驾驶考试还要求要与前车保持 2 秒的跟车距离。我昨天乘坐一辆出租车外出，我认为那名出租汽车驾驶员的跟车距离就控制得不是很好，于是我向他介绍了荷兰的 2 秒跟车原则。

我觉得对于驾驶考试的要求，中国和荷兰有很多不同，我们不能片面地说哪个更好，适合国情就有存在的道理。

主持人（闫文辉）：谢谢盛宏先生。我也去过几个欧洲国家，他们的考试标准和中国不一样。他们的考试内容不单单是考学员的驾驶技能，更多是考学员的守法意识、安全意识、操作习惯。很多不好的操作习惯在当地也会成为考试不合格的原因。所以盛宏先生说来自中国的驾驶员即使已经取得驾驶证多年，也在中国上路驾驶很多年，到荷兰仍然可能无法通过驾驶考试，甚至经过培训依然考不过，原因是没有养成安全文明的驾驶习惯，被荷兰当地的考官认为存在事故的隐患。这样看来，我们中国驾驶培训和考试优化调整之路还真是任重道远。

曾诚先生进行交流发言

主持人(闫文辉):曾诚先生是交通运输部公路科学研究院汽车运输中心的技术总监,他是我国多项驾驶培训相关标准的主要起草者,包括近两年新修订的汽车驾驶培训模拟器标准。近几年模拟器、AI 教练车等广受关注,部分省市也发布了相关文件,推动先行先试,开展试点工作。在您看来,VR 模拟器和 AI 教练车的应用优势有哪些?在应用过程中的行业管理政策方面,将来会不会有什么利好支持?

曾　诚:首先,我想先谈一下 VR 模拟器的技术应用。记得在 2020 年的第五届国际论坛时,我就汽车驾驶培训模拟器的技术应用等议题参加过论坛交流活动,也谈过一些个人观点。模拟器教学确实有优势,我个人理解主要体现在三个方面。

第一个方面是我们在实车训练过程中,不可能给学员穷尽未来的风险场景,而这些场景可以通过模拟器表现出来,帮助学员对这种危险场景进行专项训练,而且这种训练是在很安全的状况下进行的。第二个优势是在模拟器训练过程中,实际上是把学员在整个训练过程的行为信息进行了全过程记录。有了这个数据基础以后,可以对学员在训练过程中的操作特征以及技能熟练程度或者安全程度进行更准确的分析。第三个优势是模拟器和驾校经营有密切关系。现在在驾驶培训行业竞争压力增大的背景下，面对降低经营成本以及实现行业绿色发展的问题，模拟器也发挥了相应的优势。使用模拟器可以在训练过程中节约更多的燃油，可以减少教练车实车训练过程中的尾气排放，对于我们行业绿色发展有促进作用，对企业合理降低培训成本有益。

但我个人也认为不能盲目地将新技术应用到驾驶培训行业，毕竟目前相关技术还存在一定缺陷。具体问题表现在两个方面：一是模拟训练的体验感、真实度和实车训练还是有一定的差距。当然，不同型号的模拟器体验感真实度可能有所差异，这是我们在模拟训练中需要克服的一个较大难题，也是我们一直在研究和改善的方向。基于模拟器的技术成熟度还需要提高的现状，我建议模拟器的训练在现阶段更适合用于通过危险情境对学员进行安全意识和预见性驾驶技能的训练，这是模拟器在应用上更有优势的方面。在把模拟器应用于基础规范操作训练方面，我个人持谨慎态度，因为我觉得在这方面需要进一步把模拟器真正的优势开发出来。也许未来模拟器真实度还原度更高了，模拟动力学方面有一个更好的解决方案了，模拟器应用的空间将更加广泛。

第二个方面，针对目前我们行业试点应用的一些智能辅助教学技术，我认为，它在一定程度上确实可以促进我们的培训更加规范化、标准化。但我们也需要在应用过程中把技术的优势发挥出来的同时，克服在应用过程中的一些教育目标性问题。所谓教育目标性是我们行业在应用任何一个新技术的过程中，都要始终围绕学员安全意识和安全技能形成的规律开展，围绕符合训练规律的前提，围绕教学的核心需求，把握好新技术对于教学质量的促进作用，在此基础上再去提升训练的效率。通过这种标准化、程序化的方式提高效率，为驾校节约成本等。我认为质量和效率一定是并重的，决不能过分地强调效率，把质量这一根本丢掉，否则，新技术的应用就失去了初心。

范守敏先生进行交流发言

主持人（闫文辉）：请问安徽的范守敏顾问，作为曾经的行业主管部门的专家型领导，您认为我们的行业现在需要怎么做，之前在哪方面做得不好，将来应该怎么改？

范守敏：作为曾经的管理部门工作人员，我认为我们离行业政策更近一点，但是我们的缺陷是离市场又隔了一层，稍微远了一点。因此，我过去在工作中更多的是努力站在市场角度看行业，站在企业角度看政策，这个角度对我过去的工作也提供了很多帮助。现在我已经从原来的工作岗位退休了，未来我将从管理和市场两个角度进行切换，希望能更好地理解我们这个行业。

这次论坛的主题是发展与安全，我觉得每届论坛确定的主题都非常好。讲到发展，我首先想到一件事，大家都知道，前不久中国世界人口第一大国的头衔已经让位给印度了，从去年开始中国人口增长趋势已经放缓，人口趋势的变化对经济社会的发展会产生深远的影响，这个影响也许会缓慢地出现，但是这个趋势肯定是改变不了的。相比于其他行业，我们驾驶培训行业应该会更早地感受到这个趋势的影响。

2015 年，国务院办公厅转发了公安部、交通运输部关于推进机动车驾驶人培训考试制度改革意见的通知，开启了驾驶培训行业的改革。我认为，这个改革很有必要，但是所有的改革都会对行业的部分主体带来相应的“痛苦期”，这个“痛苦期”持续的时间就比较长。特别是推出改革举措以后，配套的行业政策实际上一直没有进行根本性修改。后来又出台了驾校许可制改备案制的政策，这对我们行业的影响也非常大。再加上交通运输管理体制的改革，过去由道路运输管理部门一个部门管理这个行业，现在变成了三个部门一起管理，备案管理的职责在交通运输局，行政执法管理的职责在交通执法部门，过去的道路运输管理部门现在承担一些具体的事务工作。以上这几个因素叠加，对驾驶培训行业，特别是对驾驶培训机构经营者来说，“痛苦”迟迟不能消退。

在系统性政策没有稳定之前，这个“痛苦”可能消失不了。曾诚总监在演讲中讲到目前驾驶培训行业的产能利用率只有 47%，这个问题如果不能够改变，大家所感受的“痛苦”就很难消失。在这个时候讲发展就很难达到传统意义上的发展，例如量的扩张或新旧交替。在这个调整期到底怎样把握行业发展，我想分享一个自己简单的见解，那就是我们这个行业在目前这个阶段需要关注到变化，也要关注到不变。我们这个行业不变的是培养合格的驾驶人才或者合格的驾驶员。可能我接触驾驶培训行业相对晚一些，所以我认为行业的培养目标应相对低一些，我不太赞成把我们驾校的培养目标定为高素质驾驶人才，我认为普遍的目标就是培养合格的驾驶员，这就足够了。如果说不变的是培养合格的驾驶人才，那么变的就是这个行业随着人口数量变化大趋势的出现而产生的变化。人口数量的变化只是一个方面，行业的培训对象也在变化，现在的学员跟过去的学员是有区别的，在不同地域又有不同特点，比如说北京和安徽的学员有区别，再比如安徽省会城市合肥的学员与其他市县相比，也有区别。培训方式和手段也发生了很多变化，大家讲到的 VR 模拟器、自动驾驶技术，以后会成为辅助驾驶的手段。再比如，新能源汽车的快速发展等方面也对我们这个行业产生了各种各样的影响。这些因素出现之后，我们驾校的经营管理应该考虑如何去进行调整和优化。

王飞先生进行交流发言

主持人（闫文辉）：王飞校长，请问您一个问题：很多人说受新型冠状病毒疫情影响的三年终于过去了，我们驾校的春天来了，但是现在看情况没有想象得那么好。您认为在大的经济环境影响下，作为驾驶培训企业经营者，如何保障您所经营的驾校能够持续稳步发展，维护多年来形成的口碑？换句话说，驾校的招生数可能下降了，但要去考量驾校在本地区的市场占有率是否提升。您认为，如何通过保持服务口碑来提升市场占有率？

王　飞：首先我认可闫会长所说的“我们的未来不是梦”。所以对于这个问题，我认为最重要的是如何去保持驾校平稳发展。本届论坛主题是“发展与安全”，我认为的发展必须有成长，企业有成长才能得到发展。我们的驾校成立于2004年，已经经历了19年的时间。这期间我们经历了几次大的政策变革和驾校转型变革，从对传统教学模式不了解、理解不深或不清楚我们作为驾驶培训学校到底要做些什么、该做些什么，到后来我们慢慢探索发展。最开始我们认为只要把对学员的服务工作做好就是经营驾校、就是办好驾校，实际上做服务只是作为驾驶培训学校的基本要求，这是我们应该做的事情。后来我们深入理解到经营驾校更应该做到的是为社会输送优秀、合格、有安全意识的驾驶员。现在一些驾校经营者还没有意识到驾校必须要具备的社会责任，我认为以培养安全合格驾驶员为职责、为目标，围绕这一目标进行改革和调整，驾校一定能实现持续的发展。

我们在多年的改革中也走了一些弯路，但是又回到正轨。这些改革是“痛苦”的，但我们在成长，并且今年比去年好，去年比前年好。我一直在思考一个问题，如果十几年前我们就具备了如今这样一套认知，包括教学模块、方式等，我们今天会发展到怎样的高度呢？如果我们能够认识到现在存在的问题、行业痛点，还不去优化或改革，那么未来一定会后悔。为了将来不让自己后悔，现在就要做自己该做的事情，我相信我们的行业、我们的企业肯定会迎来春天。

主持人（闫文辉）：我想问每个嘉宾一个问题，您们参加这届论坛最大的感受是什么？

王　飞：在驾驶培训乱象还未得到根本解决的背景下，我能与这样具有远见卓识和社会责任感的驾驶培训行业同仁坐在一起探讨驾驶培训的话题，交流关于安全、质量、科技和发展的问题，我认为我也是行业的领军人，我很自豪。

范守敏：我的感受是希望论坛能继续举办下去，让论坛成为代表驾驶培训行业先进性的符号。

曾　诚：参加本次论坛给我最大感触是大家在这样一个调整转型的阶段都能诚挚地希望这个行业向好发展，一起交流和探寻一个好的方法、好的途径，我充分感受到了大家的这种热情。正如我在演讲中通过对市场需求分析所得到的结论一样，驾驶培训行业面临的市场增量预期总体是稳定的，大家要有发展的信心。我相信在大家的共同努力下，这个行业一定会迎来一个美好的春天。

盛　宏：谈到感受，首先我觉得举办这个论坛很有必要，希望每年有这样的机会让大家可以认识更多朋友，学到很多东西，这是我们参加论坛的主要目的。其次才是和大家交流分享荷兰的培训规则和考试制度。正如我之前介绍的，根据荷兰的实际情况，荷兰的考试规则设置和中国很不一样，可能荷兰的驾驶员来到中国也无法通过考试。还有一个感触，我发现中国的技术发展很快，比如 VR 模拟器和机器人教练，一所驾校可以同时运用机器人教练和真人教练员。由此，我认为未来在一个先进的汽车社会，人工智能将占据主导地位，人工介入会逐步减少。

井口国雄：我在这次论坛中学习到了很多先进理念，也了解到了中国驾驶培训的很多做法，希望中日两国在未来可以实现更多交流，也祝愿论坛越办越好！

伊萨克·贝林：这是我第一次参加这样的活动，非常高兴能与中国的嘉宾一起交流，同时我也收获很多知识，期待能有更多机会与大家一起交流学习。